安静的艺术

用内向者思维去影响世界

【美】珍妮弗·康维勒（Jennifer B. Kahnweiler）/著
林秀兰 /译

QUIET INFLUENCE

The Introvert's Guide to Making a Difference

中国人民大学出版社
·北京·

QUIET INFLUENCE 前言

“在每次业绩评估时，我都被告知应该更积极坦率地发表看法，应该减少关起门来待在自己办公室的时间。老板说我应该以更大的热忱来‘推销’自己的看法。同事说我应该做一个更有团队合作精神的人，而不要像一台报告生成器。相信我，我已经很努力了；但是在我努力发展这些技能的时候，我好像在做其他人。我觉得自己的影响力更小了，而不是更大。我怎么才能既做我自己，又有影响力？”

萨莉叹了口气，耸耸肩膀，显得很沮丧。当我在她就职的公司开办工作室时，她向我提出了上面这个问题。我曾很多次被问到这个问题，在回答时我总会感到有些哀伤。内向者确实常常被要求适应以外向者为中心的职场。组织文化鼓励那种谈论自己成就、花较多时间交际，而不是独自进行深入思考的人。这些人会最先让自己的观点被注意到。

如果你也是一个内向的人，那么你可能也会有类似于萨莉困惑，也会像她一样不被欣赏。要知道像你这样的人并不少，而且是有办法解决这个问题的。这种方法不仅能尊重你的本性，且能显著提升你在职场中的影响力。本书为你提供了这种解决方法，它存在于令你感到最舒服的地方，也就是你自己的内心深处。

这本书不会告诉你如何适应活泼外向者的世界。相反，它会告诉你如何向安静而有影响力的人学习。他们所发挥的影响力和他们性格外向的同事们一样大，甚至更大。

他们安静地发挥着自己的影响力，几乎不被人注意。很多有关影响力的书往往遗漏了这个方面，总是一个劲儿地鼓吹更为外向的方式，其中包括大声而坦率地发表看法，进行激烈的争论，或者快速且咄咄逼人地说服别人按照他们的要求去做。

经过多年对内向者及其发挥影响的过程的研究，我越来越确信，当内向者不试图模仿外向者，而是充分运用他们天生的、安静的优势时，他们更能发挥出有效的影响力。

你可能尝试过采用外向的方式，那么为什么不试试内向安静的方式呢？当你发掘出自己天生的优势后，你会成为更有效的影响者。接下来，我将告诉你如何做到这一点。你会意识到自己的优势，学会提升并放大它们。你会更深入地理解像你这样的内向者是怎样成功地发挥影响力的。如果你愿意通过有意识的练习来加强自己天生的优势，那么你的核心能力将日臻完善，你的识别力和信心也会得到提高，你会相信自己能对各种人和各种状况施加影响。因此，通过采纳一种与西方传统的互动方式完全不同的方式，你将大大提高自身的影响力。

在他人及外部世界的激励下，你或许更倾向于外向的性格。但是为什么不能变得安静一些呢？这本书将帮助你更好地理解内向者是如何成功地发挥影响力的。你会发现向内向者学习能够使你大受启发，形成更加平衡的影响力方式。如果你具有开放的心态，愿意尝试不同的方式，那么你将大大改善你的影响方式组合；这样在任何情况下，你都能具有更大的影响力。你会意识到这是因为你正在尝试一种新的方式。

QUIET INFLUENCE 目 录

QUIET 引 言
INFLUENCE

写一本为内向者撑腰的书

你是在公司上班，还是在为融资而努力拼争的非营利性机构中工作？

你是否就职于有固定承包商的政府机构？

你是需要推销商品或服务的企业家，还是自由职业者？

你是从事销售、营销、项目管理、教学、医药、法律、人力资源或管理工作吗？

事实上从事任何职业的人都需要影响他人。从首尔到西雅图，如今高度竞争的职场要求你在各种场合、对各种人都能发挥影响力，且不是偶尔发挥影响力，而是时常要这样做。尽管影响力有时涉及大问题、大机会，但有时它带来的也只是一次一小步的渐进式改变。

著名的领导力研究者杰伊·康格（Jay Conger）发现，让别人信服某个观点或者拉人入伙是一个过程，而不是一次性事件。影响不是强迫别人以你的方式来看问题，而是向他人学习，协商出一个双方都能接受的解决方案。这种方式非常符合内向者的性格。它与耐心、计划和毅力有关。如果我们都认为搞定事情的唯一方法是大吵大嚷，并占据更中心的位置，那么我们会错过倾听、学习和做出审慎回应的机会。

或许我们的社会已开始逐渐意识到这个问题。外向者慢慢地发现，如果不倾听内向者的声音，我们便会失去一半人口的智慧与贡献。自从 2009 年我的上一本书《内向者的"静"争力》（*The Introverted Leader*：*Building on Your Quiet Strength*）出版以来，涌现出了大量为内向而战的书籍、文章和社交媒体。我很高兴在各处都能听到支持内向者的声音。

另外，即使外向者永远也无法体会一个内向者的真实感受，但他们在个人层面上开始发生改变。他们把笔塞到我手里，让我为他们的儿子、爱人或兄弟姐妹在《内向者的"静"争力》上签名，尽管他们从来不能很好地理解这些亲人。希望通过这种人际交往，我们的社会能够出现更广泛的改变。

也许，安静的内向者思维最大的驱动力在于，它有助于我们在如今不断变化的职场中获得成功。以下四种趋势表明，是时候像内向者一样发挥安静的影响力了。

1. **扁平化的组织和供应商以及客户之间错综复杂的互动**意味着你必须有效地传递你的观点，无论你处于什么职位或是什么类型的性格。你可以依赖老板或者老板的老板会为你说话的时代已经一去不复返了。你必须自己来建立重要的人际关系，传递重要的信息。

2. **全球化的趋势**意味着你必须找到各种各样的方式来影响日益多元化的同事与客户。例如，相对于传统的外向的同事，对待亚洲同事应该采用更低调、更深思熟虑的方式，这样才能更有效地影响他们。运用内向者思维和安静影响力的技能，你能够在这些文化中发挥影响。

3. **虚拟世界**正在发展，已经变得无处不在。在当今社会中，如果不是有目的地运用数字媒体，你便不可能影响很多人。内向者会非常审慎地使用社交媒体，他们很可能在这方面占有优势。社交媒体对他们很有吸引力，因为他们可以借助社交媒体发挥自身优势，更好地管理自己的人际交往。和那些忽视这些技术的影响者相比，你和其他学习并运用社交媒体的内向型影响者能更快地引发未来的改变。

4. **对业务和人才的激烈竞争**意味着公司正在寻找能够带来新颖方法的供应商和员工。事实上，以外向为核心的自我推销和大声地说服对方的方式已经过时了。现在如果你能够巧妙地赞美他人，努力倾听而不是滔滔不绝地诉说，你便会脱颖而出。

天性使你采取了安静的影响方式，并使你拥有改善这些技能的原动力。内向者的时代已经来临。这本书的目的就是要帮助你及数以百万的内向者认识到你们天生具有的优势，发展并突出它们。内向者大约占世界人口的50%，因此你们可以在组织和社会中发挥巨大的影响力。我鼓励你们为自己的优势喝彩，练习以安静的方式发挥影响力。

我相信随着这种趋势的加强，潮流会发生转向，外向者会想要向内向者学习思维方式和他们的安静影响力。许多外向者意识到，当他们在影响力工具箱中收纳了各种各样的方法后，他们会成为更高效、更灵活、更有适应性的影响者。

我承认我是一个外向的人。我需要练习如何不用大声说话便能发挥影响力。在大部分的职业生涯中，我始终在支持那种没有确实根据的信念，即认为为了达到目的，应该积极发言，占据引人注目的位置。这被称为A类方法。我是一个演讲人、高管培训师兼作家，我的工作就是影响人们，让他们在生活中尝试新方法。我认为这意味着我应该更加积极活跃。我行动迅速，会进行很多临场发挥，常常能找到吸引注意力的方法。随着职业的发展，我逐渐成了典型的纽约客——大嗓门，且非常自信。

然而我小时候喜欢安静地观察别人。我爸爸阿尔文是一位编剧，常常给电影、电视剧写剧本。我们在吃饭时经常会谈论各种各样的人，谈论他们的行为和动机。由于爸爸的工作与发现对话中的微妙差别有关，因此我们对探讨交谈的意义总是有着无穷的兴趣。我们一家四口性格都很外向，但你常常会看到我们安静地坐在当地一家意大利餐馆里，聆听周围人的交谈。在回家的路上，我们会分享我们偷听来的对话，热烈地讨论和我们一起吃饭的人有着怎样的生活和人际关系。内向的人几乎不能给我们提供任何语言线索，因此我们各显身手，猜测他们的生活是怎样的。那些安静而低调的家庭与我们非常不同，因此他们尤其令我感兴趣。他们到底在想什么？

后来我开始了自己的事业，并且继续观察着内向的人。内向者依然让我很感兴趣，这些人有时会在领导职位上苦苦挣扎，尽管他们内在具有所需的所有能力。我写作《内向者的“静”争力》的目的就是指引这些富有才华的人，让他们在做自己的同时也能掌控局面。

在为《内向者的“静”争力》做调查研究的过程中以及在它出版后与人们进行的无数互动中，我发现自己对内向者的故事和经历越来越感兴趣了。我和内向者交流得越多，我指导的内向者越多，我写的关于他们的事情越多，我就越发欣赏他们的感受能力。我意识到内向者安静的语言与我天生外向的性格似乎格格不入。我还意识到为了拥有更大的影响力，我可以采纳内向者的一些特征和行为。例如，我可以不在最后一刻匆忙地加入电话会议，而是安静地坐在桌边看着窗外的树木，思考我这一天的目标；或者我不再随意地在 Facebook上发帖子，而是思考等待我处理的其他任务；或者在设法应对棘手的人际关系时，我可以把自己的想法写下来，从而更清楚地了解自己的立场。

总之，我认识到当我倾向于自己人格中非主导的一面时，我的内在发生了巨大的改变。当我选择接纳我的内在活力时，我获得了更深入的见解，发掘了自己的创造力，变得更加专注。荣格派心理学家会说，我正在通过发掘自己非主导的性格侧面来释放强大的力量。我认为自己是受到了内向者的影响，而我本来是想影响他们的。

受到安静影响者的鼓舞和影响，我将注意力转向了这样一个问题，即成功的内向者是如何发挥影响的。他们如何挑战现状，激发出新的思维方式或鼓舞其他人前进？他们汇聚了怎样的内部力量，从而引发改变？他们采取什么步骤来影响他人？

在我的职业生活中，我曾与成千上万的人有过交往，他们加深了我对内向者的了解，让我知道该如何回答这些问题。班级讨论、演讲后的提问以及在培训中浮现出来的问题，都对我的理解和观点很有帮助。在我当作家和记者的时候，我遇到过很多内向的人，也写过有关职场中内向者的文章，接受过相关主题的采访，这些文字被发表在《福布斯》《彭博商业周刊》和《华尔街日报》等媒体上。通过交谈、随访邮件和博客评论，我对内向者如何感受他们的世界，以及他们如何运用天生的优势让别人接受他们的看法有了更深人的理解。

我还有幸与充满活力的安静影响者团体建立了联系。我特别询问了各行各业、各种组织中这类职场人士的影响方法。他们往往会以书面的形式回复我，我会随后进行电话采访，以增加我的理解。他们以特有的谦逊的方式，分享了他们无数影响他人和组织的方法。作为非常重视隐私的内向者，一些人提出不要使用他们的名字。对于这种情况，我把他们的名字换成了假名。也有很多人同意我使用他们的名字，因此我在后文中会提到他们。

我已经尽了最大的努力来领会那些激励我的故事。通过这些故事，我试图找到以下这个问题的答案，那就是他们如何运用内向者的思维方式，凭借天生安静的优势来发挥影响力。我从他们的回答中提炼出了六个优势，你将在后面的章节中读到。通过这些优势，我希望你能发现表达自己安静的影响力的独特方式。

01

做回自己，不要再模仿外向者

放低声音，加强你的论据。

芭芭拉·麦卡菲（Barbara McAfee），作家兼歌手

你知道吗……

最好的想法往往出现在独处时？

写一封有说服力的邮件比普通的交谈更能推动项目的进展？

聆听言外之意比听人们说了什么更重要？

安静影响者（没有攻击性技能也能促成事情的人们）通

过个人经历掌握了这些经验。他们就像池塘里的涟漪，能够不动声色地发挥影响。当内向者需要发挥影响时，他们会专注于审慎的想法和深度。没有炫耀或喧嚣，内向者以安静、谦逊的方式确保他们希望影响的人领会了他们的意思。然而他们常常会被那些相信“有理就在声高”的同事和组织忽视或低估。

如果你是一个内向的人，那么你很可能曾模仿过比较外向的同事，试图影响其他人。我猜这种方法对你不管用。它会让你疲惫不堪，且无法持久，最终也是无效的。与大多数有关影响力的书籍所倡导的相反，本书将告诉你问题不在于成为外向者。我相信，当你停止效仿外向者，充分利用你天生的思维优势时，你会成为更有效的影响者。通过分享一些成功的安静影响者的故事和小窍门，本书将告诉你如何识别、放大并运用这些天生的优势，这样你不必大吵大嚷便能发挥巨大的影响。你会懂得如何认识和发掘到自己内在的能力和智慧，审慎地与外部世界打交道。

困在外向为王世界里的内向者的苦恼

当然，如今职场中占主导的依然是外向者以及他们的思维方式。这种思维方式否认了一半以上人口的天生倾向性，为内向者发挥影响力设置了许多障碍。作为内向者，以下这些苦恼是否会让你产生共鸣？

1. 在职场团队中，每天都要承受着与人打交道的压力

20 世纪 80 年代，各个公司紧追“团队创造成果”的大潮流，使团队方式不断繁衍，导致了如今的现实：专业工作大多数时候必须由团队完成。你的主管可能被称为“团队领导”。你的工作小组很可能被称为“团队”。工作区的安排使我们能够与我们的团队坐在一起，我们在“团队会议”上完成大部分工作，我们通过头脑风暴产生点子，努力去达成团队目标，很多人在直到被团队所有成员面试后才被录用。这种重视团队的做法使内向者面临着一些问题。与其他人的纠缠不仅耗尽了他们的精力储备，而且也使他们离开了适合他们的身体空间与智力空间。而在适合的空间里，他们的思考能够达到最佳状态。如果你是内向的人，你知道自己需要独自一人待着，以进行反思和创造。事实上，在我对 100 名内向者做的调查中，五分之四的人表示，与人相处耗尽了他们的精力，使他们深受其苦。每天承受着与人打交道的压力，他们很难找到一段安静的时间，筹备自己的计划。

2. 很难引起别人的注意，总是被外向者抢了风头

在大多数组织中，分享你的成就有助于打造自己的“品牌”。因为你谈论自己和自己所完成的事情，人们才会了解，赏识你作出的贡献。问题在于那些不善于表现自我的人（例如大多数内向者）常常发现他们不知不觉地被排斥到了圈外。如果这些人的老板无视他们的贡献，不给他们展示才能的机会，不提高他们被大家注意到的可能性，那么他们往往会被遗忘。如今的公司文化不推崇谦逊。这种特性上的克制常常会导致内向者被忽视。内向者的好主意常常不被听取。在团队环境中，他们可能会想出很聪明的解决方案，但似乎找不到一个可以分享它们的机会。即使在一对一的交谈中，尤其是与外向者的交谈中，他们也很难插上嘴，表达自己的看法。由于这些安静的人不吹嘘自己，因此他们常常不被注意到，几乎没有外向的同事会想到让他们发表看法。因此，内向者发现很难引起别人的注意，并运用这些注意来影响局面。

3. 为了获得成功而假装自己是个外向的人

许多亚洲文化非常看重情感含蓄的能力。然而，西方社会的职场很难容忍没有表情的面孔或安静的人。似乎为了能融入其中，你必须很活泼，很爱说话。这不是你的风格？太糟糕了。为了获得成功，你必须假装自己是个外向的人。

18 世纪爱尔兰作家奥立佛·高德史密斯（Oliver Goldsmith）曾这样描述过一个人物，“在舞台上，他很自然、很诚恳，令人感动。当不在舞台上，他开始表演。”内向者往往也有类似的这种感觉。他们“扮演着”快乐、好交际、富有表情的人，虽然这与他们的真实感受非常不同。《安静》一书的作者苏姗·凯恩把这种压力称为努力想要达到外向者状态的理想。一位安静的影响者把商业活动中的闲聊形容成“争强好胜的自我”所发出的声音。当她参与其中时，她感到很不真实。

该挑战现状，鼓励其他人表现出真实的自我吗？但是内向者发现当其他人感觉到他们不容易被人理解时，当他们自己被随时保持活跃的压力搞得筋疲力尽时，他们发挥影响力便会受到阻碍。

4. 总是被迫迅速做出决定

从在会议上回答问题到连夜答复客户的电子邮件，如今的环境迫使人们快速做出决定。很多职场更看重当即作出回应的做法，而不是需要经过更长时间、深思熟虑后再作答复。技术的迅速发展以及愈发激烈的全球竞争，使得工作节奏越来越快。从不同角度来考虑一个棘手问题的时间已经被蒸发掉了。“如果……那会怎样”的问题以及在决策前返工去收集更多数据的机会都消失了。对于我们提供的观点和产品，接收者希望立即看到结果。

不幸的是，内向者再一次受到了不公平的待遇。当他们无法放慢决策的过程时，他们会感到沮丧失望。他们得不到在头脑中加工决策所需的时间，也不能进行必要的准备以得到最佳结果。其他人常常给他们贴上“缓慢”的标签，认为他们后知后觉。他们发现自己很难得到应有的尊重。虽然他们正在思考决策，分析现状，但他们常常没有发觉自己已经被丢在了后面。他们的“延迟”使他们失去了影响决策的机会。

5. 面临隐私界限放宽的尴尬

与社交活动中不受欢迎的八卦类似，诸如 Facebook 这样的社交媒体增加了我们对外部世界开放内在自我的压力。隐私界限的放宽造成了一种令内向者不舒服的处境。通常内向者喜欢在暴露自己内心想法之前先了解对方，然而现在他们每天都在与太多的信息抗争着。

精明的内向者知道，为了影响他人，他们需要建立人际关系。但是他们希望慢慢地去了解别人，而不是一下子就直接涉及个人问题。随着分享与连接的速度日益加快，他们感到压力很大，这种状况耗尽了他们的精力，对他们按照自己的方式正在建立的人际关系造成了挑战。

6. 总是被更高的声音盖过

在所有使得安静影响力发挥作用的阻碍中，“被更高的声音盖过”似乎是最令内向者沮丧的一个阻碍了。在西方社会健谈的氛围中，说话被打断的情形时有发生。如果内向者说话的声音比较低或者暂停了一下，其他人就会把话语权抢夺过去。即使内向者的说话音量正常，在他们充分表达完自己深思熟虑的观点之前，外向者也很可能会打断他们。对于脑子长在嘴上的外向者来说，打断对方只是他们在内向者的好主意基础上继续发挥的一种方式。而对内向者来说，打断他们说话的行为就像捂住他们嘴的毯子。团队不再探究内向者的观点，内向者只好屈服于房间中声音最大的人的观点。结果，内向者变得消极起来，不再提出新点子。

另外，内向者感受到了参与这种打断游戏的压力。许多来自亚洲的内向者说，他们听到脑子里有两种互相竞争的声音：他们的父母说“要有礼貌”，他们的老板说应该“大声说出来”，老板允许在会议中突然插话。这两种指示造成了内向者深层的冲突，他们比较喜欢沉浸在自己的思考中，喜欢利用谈话中的暂停进行思考。他们不仅面临着自己的话被盖过去的沮丧，还被鼓励用有违他们天性的方式来对待他人。

如果这些阻碍在你听来很耳熟，并会让你产生沮丧失望之感，那么你要知道不只是你有这样的感觉。你只是一个被困在外向为王的世界中的内向者。不要试图在外向的高速路上躲避这些障碍，你应该采取更直接、更有效、更令人愉快的路线。接纳你天生的做事方法，获得更好的结果。其他内向者中已经有人做到了。他们提出了治疗癌症的另一种可能的方法，找到了解决全球变暖问题的答案，以及改革教育的措施。你也能做到。

到底怎样才算一个内向者

好消息是，你不必成为外向者，便可以发挥巨大的影响力。通过接纳你的内向本性，你就能成功地发挥影响力。内向这个词究竟是什么意思？如今很多人到处用这个词，但几乎没有人真正理解它的含义。

让我们从最基础的问题开始：当你需要恢复精力时，你是否喜欢在安静的地方独自待着？如果你的回答是肯定的，那么你很可能是一个内向的人。

从技术上说，内向和外向不仅指的是性格特点，也与激励和精力的来源有关。外向者通过和别人在一起、参与非常活跃的活动来补充精力，而内向者从内在获取能量。让我们来澄清一下：害羞与内向是不同的。害羞是对社交环境感到害怕或焦虑的产物，而内向是精力之源。

内向者从内部寻找精力的基本倾向源于他们的一些性格特点。看一看以下的描述是否会让你产生共鸣：

喜欢隐居。内向者不仅需要也想要独处。在工作中，他们比较喜欢安静、隐私的空间，喜欢自己一个人或在一个小团体中处理项目。

先想再说。内向者在说话前会先思考。即使在闲谈中，他们也会认真思考其他人的话，在作出回应前会先停下来进行思考。他们知道如何利用暂停的力量。

情绪内敛。内向者很少把情绪表达出来。别人很难理解他们，他们的情感经常被曲解。

聚焦于深度。内向者追求的是深度，而不是广度。他们喜欢深究，他们会把某个问题或观点钻研透之后，才去探究其他问题或观点。能够吸引他们的是有意义的交谈，而不是肤浅的闲聊。他们知道什么时候该与他人交流，什么时候他们不需要在这上面花费那么多精力。

喜欢把观点写出来。内向者更倾向喜欢写而不是说。在工作中，他们选择使用电子邮件，而不是电话，他们可能更喜欢写报告，而不是做陈述。

行为低调。内向者通常安静而克制。他们说话一般比较轻柔缓慢。他们不想成为注意力的中心，更不愿意被大家关注。即使在热烈的讨论中，他们也会平静地置身事外。

注重隐私。内向者很抗拒被人一目了然。他们不愿透露个人的事情，只是有选择的与少数人分享信息。而且只有当他们非常了解这些人、和他们相处比较舒服时，他们才会这样做。他们在工作中同样非常谨慎，不会轻易表露自己的看法。

这些性格特点原本无所谓好坏。然而不幸的是，在现代社会中，这些特点常常被误解、被贬低或不能得到充分的赏识。当然，它们通常并不被认为是发挥影响的主要动力。然而具有讽刺意味的是，这些特点正是内向者常常会成为最有影响力的人的原因，即使是在当今人们普遍认为声音大才有影响力的世界中。

02

做一个安静的影响者

影响力的一个表现是能够勇敢地对抗不利的趋势，从而改变它们。

马德琳·奥尔布赖特（Madeline Albright），前美国国务卿

2012 年 4 月 18 日的《时代周刊》报道了世界上最有影响力的 100 个人。文章中有这样一段话，“在麦克风和电视被发明出来之前，领导者不得不在人群面前大声叫嚷着发言。现在他可以轻声说话，这些话会瞬间被传递给数百万人。发挥影响力从未这样容易过，或者说从未这样短暂过。”

随着技术的发展，影响力的本质显然发生了改变。但是

正如《韦氏字典》上的定义：其核心依然是“人们对他人的行动、行为和意见具有强制力或能够产生影响的能力或力量”。

我相信影响者通过挑战现状、激发新的思维方式、推动改变或鼓舞其他人前进的行为，来发挥影响力。

影响者存在于各种类型的职场中，从摄影棚到医院。他们的工作五花八门，从行政助理、作家，到家长、社区活动家。有时他们拥有传统的权力地位，比如最能发挥鼓舞作用的政治领袖，创造新理念的学者，激励员工、驾驭资源的老板以及推动项目进展的委员会主席。然而通常的情况是，影响者并没有显赫的头衔。他们只是促进改变、促进成长与成就的普通人，比如提出好主意的团队成员，促进项目完成的中层经理，有诀窍改变老板想法的同事，使自己最喜欢的餐厅成为团队新的午餐据点的实习生。

这些人运用自己天生的才能或后天习得的技能影响他人，让我们的世界取得或大或小的进步。这些人中有些是外向者，有些则是内向者。这些内向者正是通过我所说的安静影响力过程发挥着他们的影响。

沉静领导者的影响力

2011 年在乔布斯因病离世之后，蒂姆·库克成为了苹果公司的 CEO。这对他来说是个很大的挑战。他审慎低调的风格与前任非常不同。之前他是苹果公司的首席运营官，他的温和冷静似乎很好地平衡了乔布斯有时很火爆的性格。作为首席运营官，库克负责一些重大的运营改变，它们会给公司带来巨大的影响。

当受人尊敬的乔布斯去世后，库克接替了他的职位，并受到了许多技术公司同行的高度评价。《财富》杂志的一位记者描述了库克与投资者会面的情形，在这个过程中，库克展现出了他安静影响的特点。“令苹果公司的投资者感到震惊的是，那天在首席财务官讲了大约 20 分钟时，CEO 蒂姆·库克匆匆走进房间。他安静地坐在后面，做了一些对苹果公司 CEO 来说不太寻常的事情：他认真听着，一次都没有查看邮件，也没有插话。首席财务官讲完后，当时担任苹果公司 CEO 仅 5 个月的库克站起来发表他的看法。他自信地大步走到房间前面，以直截了当的作风（这成为了他的标志）‘临朝处理政事’。‘一切都尽在掌握，他清楚地知道他是谁，要到哪里去’，一位投资者说。‘他正面回答每个问题，没有回避任何问题。’”

你认为库克是个内向的人吗？我是这么认为的。他坐在房间的后面，不想成为关注的焦点。他的风格严肃直接，聚焦于深度。尽管他很安静，但显然他是一个有力的影响者。通过运用安静而有效的风格来发挥影响，库克在激发着新的思考方式，推动着公司前进。库克正在影响这家非常有创造力、非常成功的公司，度过标志性创始人逝去的阶段，并且在不断创新的基础上缔造新的未来。出于这些原因，我认为他是一名安静的影响者——以传统的内向的思维方式带来改变，带来前进的动力。

像其他安静的领导者一样，库克的个人风格基于谦逊。一家商业银行的总经理乔迪·沃茨（Jody Wirtz）也是一位安静的影响者。在因本书接受采访时，他同样表现出了谦逊的特点。他对“你是否认为自己是一个有影响力的人”这个问题的回答是，“你应该问一问我周围的人。如果我是一个有影响力的人，那么这种影响力也是来自我对发现真理并使我能够清楚地表达和呈现这些真理的思考。这种表达和呈现方式恰好能引起他人的共鸣，使他们愿意为之奋斗。”

尽管很谦逊，但人们普遍承认他们具有有效的影响力，而且这样的人远不止库克和沃茨。埃莉诺·罗斯福、达尔文、甘地、林肯和罗莎·帕克斯都是内向的影响者。巴菲特、康多莉扎·赖斯、斯皮尔伯格、J. K. 罗琳和马克·扎克伯格也是如此。尽管有关发挥影响力的技术和方法的书很多，但它们通常都会鼓吹比较外向的影响方法，这就给内向者设置了很大障碍。这些策略往往聚焦于通过让自己置身于舞台中心来赢得他人的支持，聚焦于毫无顾忌地讲出观点，进行激烈的争辩，或用语言说服别人做你想让他们做的事情。安静的影响力与依靠能言善辩来取胜毫无关系。这是一种不太能够被理解的影响方式，与我们常常看到的健谈的方式截然不同。

在你认为能够找到安静的影响者的领域，比如技术、工程和科学领域中，你当然会发现他们。但你同时也能够在营销、项目管理、教育、医学、法律、人力资源和小公司中找到他们。在销售产品和服务的销售人员中有安静的影响者。在需要为资金和广告时间进行竞争的非营利组织中，有一些了不起的推动者和激励者，他们可能也是安静的影响者。他们的一个共同点是利用内向者自然而然的思维定势来产生有力的影响。我将这种方法命名为“安静影响过程”。

让内向者发挥影响力的六大优势

通过观察和采访许许多多的安静影响者，我确定了能够使内向者发挥影响力的六大优势：

1. 懂得独自静处的艺术；
2. 不打无准备之仗；
3. 安静地聆听，而非咄咄逼人；
4. 专注而深入地交谈；
5. 把书写当作发挥影响力的有力方式；
6. 审慎地使用社交媒体。

每种优势本身便是一种有力的影响杠杆，当把它们汇集在一起时，优势的力量会翻倍。内向者通常以某种顺序将各种优势汇聚成图 2—1 中的安静影响过程，这个过程开始于抽出时间独自静处。安静的影响者从最适合他思考和补充精力的地方：即从安静中，开始他的影响之旅。静默能够提供

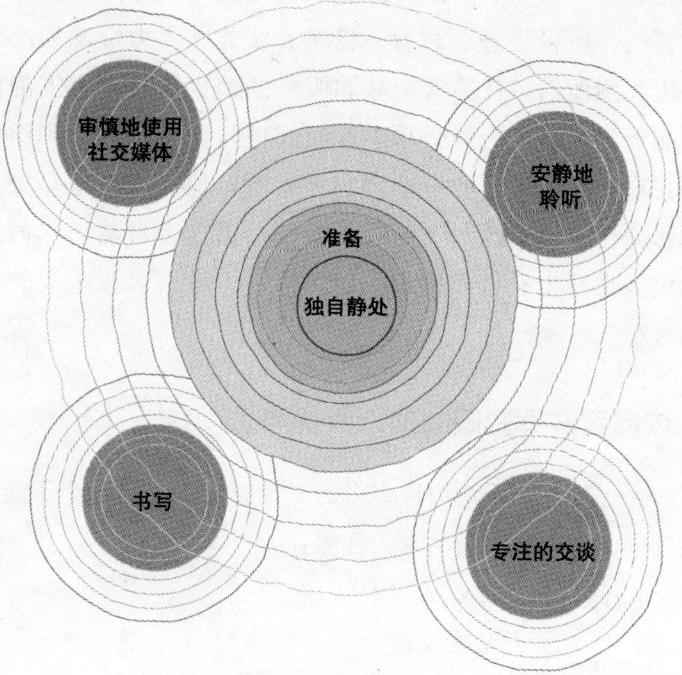

图 2—1　安静影响过程

能量，增强自我意识，激发创造力。为了补充精力、进行反思，内向者经常要回归到独自静处中。

接下来是准备。通过增加知识，保持应对潜在反对意见的姿态，安静的影响者为各种可能发生的状况做好准备。通过制定策略和提出问题，他们对自己影响他人的尝试会变得更舒服、更自信。

独自静处和准备结合在一起所产生的协同作用构成了其

他优势的核心。具备了这些来自基本优势的信心之后，安静影响者便会从他们自己内在的世界中走出来，开始与他人进行互动。

接下来他们会根据不同的情境，运用剩下的四个优势中的一个或多个。他们可能会发掘出聆听中的内在力量，建立相互的理解与和睦的关系。或者，他们会决定采用两种方式：一对一的方式或小团体互动的方式。这些专注的交谈是有目的的。通过交谈，他们希望能够解决问题或者解决与他人之间的冲突；他们采取的另一种途径是书写，这是他们天生的优势。通过这项优势，他们能够明确地表达出真诚、完善的立场，从而影响其他人。最后，安静的影响者会思考社交媒体的平台如何能促进他们实现目标。他们审慎地使用社交媒体，使他们的影响力波及前所未有的广大人群。

由于他们通常比较有耐心和毅力，因此安静的影响者不需要遵循实现目标的最直接路径。尽管这些优势按照我所描述的顺序组合在一起，但安静的影响者经常会循环往复，返回到独自静处和准备，以重建信心和活力，或者返回去聆听更多的信息，以修改完善或充实自己的观点，他们还可能在使用口头互动与书写的方式之间交替转换。

记住，要成为成功的安静影响者，你无须擅长所有这些优势。每位安静的影响者会根据自己的人格、需求和处境，以不同的方式混合使用这些优势。换句话说就是，安静影响过程不是一个公式，在各种情况下，各个优势的使用比例可以不相等。

第3章中有一个测试，它有助于你评估自己的安静影响力系数。这个系数衡量的是你运用六大优势的有效性。在接下来的章节中，你将会深入探索每一种优势。你可以读到故事，获得实用的小窍门，甚至了解到当某种优势过多时，它反而会成为一种不利因素。

当你自己的安静优势得到提高，你便可以通过挑战现状、激发新的思维方法、促进改变和鼓舞他人，来表达你的热情，放大你的自我，发挥你的影响。热情不一定要用强烈的话语和富有表现力的身体语言来表达，它可以是内心中燃烧的一团火。对于安静的影响者来说，内在的、耀眼的勇气火花、创造力火花、坚韧火花以及内驱力火花都支持着他们的影响力。在阅读书中的故事和引用的话语时，用心去发现能够激发安静影响者发挥影响力的各种形式。例如在第6章中，你会读到儿科肿瘤护士伊莉莎·霍兹克劳（Elisha Holtzclaw）的故事。当她说“我爱我的工作，它在我心里。因为我有从事工作的热情，它是我的使命”时，她表达了安静影响者常见的内在热情。

希望你发掘出你自己的热情和力量，用你独特的方式来发挥安静而有力的影响。

让我们开始吧。

03

你对他人的影响力到底有多大

我最想做的事就是变得很有影响力。

菲利普·约翰逊（Philip Johnson），建筑师

你是不是想知道作为一个安静的影响者，你做得如何？你可以做一做这个测试，了解自己的安静影响力系数（QIQ）（如表3—1）。这个工具会让你知道自己在运用每种优势上的有效性，并让你有办法评估自己的进步。

基于安静影响者所展现出的优势，安静影响力系数会告诉你，你和高效的安静影响者之间有多少共同之处。这个测试通过检视你做出这些行为的频率来进行评估，1分表示从

来没有，5 分表示总是。提醒：不要过度分析这些问题，你的第一反应通常是最正确的，要避免太苛刻或太不严格。在回答这些问题时，你应该尽可能客观。

表 3—1　　安静影响力系数测试

1. 每天我都有独自静处的时间。	1 从来没有	2 很少	3 有时	4 经常	5 总是
2. 我能有效地不去理会各种干扰。	1 从来没有	2 很少	3 有时	4 经常	5 总是
3. 我用独自静处的时间进行自我反思和规划。	1 从来没有	2 很少	3 有时	4 经常	5 总是
4. 为了实现发挥影响的目的，我会制订清晰的计划。	1 从来没有	2 很少	3 有时	4 经常	5 总是
5. 为了能够发挥影响，我会做些研究调查，以此作为准备工作。	1 从来没有	2 很少	3 有时	4 经常	5 总是
6. 我会根据情况和反应的变化来调整我的计划。	1 从来没有	2 很少	3 有时	4 经常	5 总是
7. 在聆听的时候，我就像其他人的共鸣板。	1 从来没有	2 很少	3 有时	4 经常	5 总是
8. 我能感受对方的声音和身体语言，从而更深入地理解他们表达的信息。	1 从来没有	2 很少	3 有时	4 经常	5 总是
9. 我会提出重点突出的问题，这些问题有助于人们的进步。	1 从来没有	2 很少	3 有时	4 经常	5 总是
10. 我把交谈作为一种和他人一起解决问题的工具。	1 从来没有	2 很少	3 有时	4 经常	5 总是

（续前表）

11. 在交谈中我会分享一些个人信息。	1 从来没有	2 很少	3 有时	4 经常	5 总是
12. 我会尽量安排一对一的交流，无论是见面还是通电话。	1 从来没有	2 很少	3 有时	4 经常	5 总是
13. 在写邮件的时候，我会考虑采用接收者喜欢的沟通风格。	1 从来没有	2 很少	3 有时	4 经常	5 总是
14. 在沟通观点时，我更愿意通过书写的方式。	1 从来没有	2 很少	3 有时	4 经常	5 总是
15. 在写出想要影响他人的文字时，我会注意一些细节，比如语法、拼写和标点符号。	1 从来没有	2 很少	3 有时	4 经常	5 总是
16. 对于哪个社交媒体平台适合我，我会做出深思熟虑的选择。	1 从来没有	2 很少	3 有时	4 经常	5 总是
17. 我会主动通过社交媒体上的应用功能参与对话，贡献想法，还会阅读其他人的帖子。	1 从来没有	2 很少	3 有时	4 经常	5 总是
18. 我利用社交媒体来建立或促进人际关系。	1 从来没有	2 很少	3 有时	4 经常	5 总是

评估你的安静影响力系数

将你所选的分数加在一起，计算总分数。以下分值范围可反映出对你的安静影响力系数的大致评估（如表 3—2）。

表 3—2　　评估你的安静影响力系数

如果你的总分是	你的安静影响力
76～90	**非常强。**你正在非常高效的运用安静影响者的许多优势。看一看你可以如何将自己的优势应用于职场中现有的或即将出现的挑战与情境。
61～75	**坚实的。**在展现安静影响力优势方面，你做得不错，但有些部分仍需要注意。查明什么时候你的影响尝试是成功的，什么时候不成功。看一看你是否能认识到在哪种情况下，你对 6 种优势的运用会有所不同。
46～60	**中等的。**你需要做些工作，以加强安静影响力的组合优势。注意在什么情况下你不是很有效，想一想你可以采用哪种你不常用的优势。
45 及以下	**改善空间很大。**你需要做些工作，以充分发掘出安静影响力的潜能。从注意自己的行为开始，让可以信任的同事给你提供反馈和建议。从你想获得改善的其中一个优势开始，设定当周的具体目标。下一周再进行另一个优势。坚持做下去，你会看到成效的。

声明：这并非一个科学的或“规范的”工具。它只是一个快速自我评估工具，有助于你了解自己最经常使用哪些优势，哪些优势需要进一步开发，你的整体状况如何。在你获取书中的观点时，你可以把这个测试作为一个向导和起点。

接下来花些时间比较一下，你利用每项优势发挥影响力的频率。图 3—1 标明了每项优势所对应的问题。在表 3—3 中，把每项优势相应的分数汇总起来。你可以做一个条状图来比较六类优势的分数。

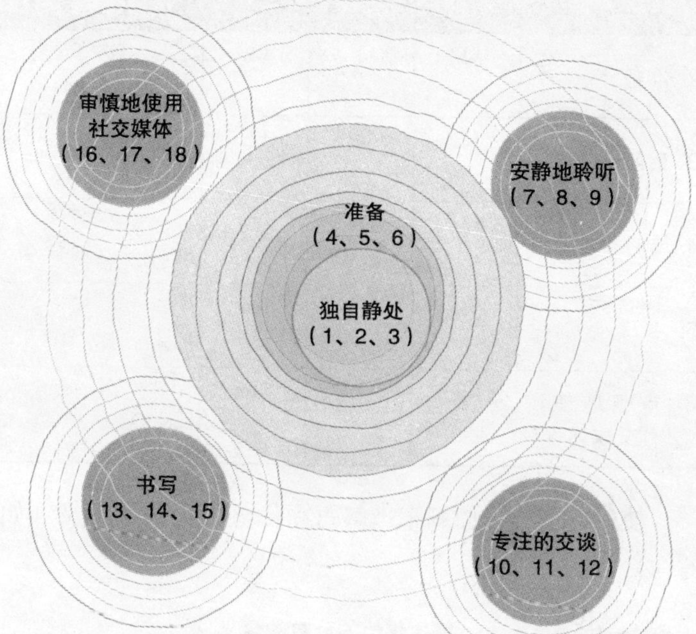

图 3—1 安静影响过程

表 3—3 计算每项优势的分数

优势	包括的分数	包括的分数	包括的分数	汇总这一行的分数 = 这项优势的分数
1. 独自静处的时间	Q_1	Q_2	Q_3	

（续前表）

优势	包括的分数	包括的分数	包括的分数	汇总这一行的分数＝这项优势的分数
2. 准备	Q_4	Q_5	Q_6	
3. 聆听	Q_7	Q_8	Q_9	
4. 专注的交谈	Q_{10}	Q_{11}	Q_{12}	
5. 书写	Q_{13}	Q_{14}	Q_{15}	
6. 审慎地使用社交媒体	Q_{16}	Q_{17}	Q_{18}	

使用以下指导原则来理解每项优势的分数的含义（如表3—4）：

表 3—4　　每项优势的分数的含义

如果你在这项优势上的分数是	你的这项优势
12～15	**非常强。**你非常擅长这项优势。设法用它去发挥影响力。想一想如何用它来促进其他尚未得到充分发挥的优势。
10～11	**坚实的。**在展现这项优势方面，你做得很好。你应该在各种新的发挥影响的机会中运用它，以帮助你获得成功。

（续前表）

如果你在这项优势上的分数是	你的这项优势
6~9	**中等的。**你需要做些工作，来发展这项优势。看一看你在什么时候能够轻松地使用它，而在其他时候，又是什么阻碍了你对它的运用。
0~5	**改善空间很大。**你很少运用这项优势，这看来阻碍了你成为更有效的安静影响者。在你的优势发展计划中，把它排在最优先考虑的位置。观察身边那些能够很好地运用这项优势的安静影响者，并向他们学习。

如何运用你的安静影响力系数

不要让安静影响力系数的评估结果以及你的分数把你搞得一蹶不振。这只是第一次自我评估。你才刚刚开始看这本书。你只需要把它作为一个线索，提示自己应该把精力放在什么地方。记住你不需要在任何时候、在所有的优势上都表现得很卓越。在阅读第 4 章至第 9 章之前，看一下评估中相应优势的分数。如果评估结果是“非常强”或“坚实的”，那么你可以较为简单地浏览相关章节，以扩充你运用优势的更多方法。不过要注意书中讲到的过度使用的部分，确保你没有因为过度使用，而把优势变成了弱势。

如果你的分数是中等，那说明你还有很多需要改进的空间，你应该在相应章节、建议和小窍门上投入大量时间。要特别注意那些原本对你的工作非常重要却只获得低分数的优势。例如，如果你是销售，那么很可能安静地聆听和专注的交谈是你的重要优势。如果你就职于一家大公司，需要与公司中各个部门的人打交道，或者需要与世界各地的人交往，那么在你的优势清单上，书写和审慎地使用社交媒体的优势可能就需要被排在最前面。

无论你认为自己应该优先发展哪个或哪些优势，在这本书中你都将发现许多有益的观点，尤其是在第 4 章至第 9 章。在这些章节中，你会看到能够马上付诸实践的具体行动。这些行动将扩大优势。无论你决定先发展哪个方面，你都可以运用以下的小窍门来进一步提高安静影响力系数。

寻找练习的机会。一旦你找到了需要特别加强的优势，便应该找机会练习它。例如，如果你认为自己在从声音和身体语言中发现线索方面有欠缺，因而不能更深入地理解他人所表达的信息（测试中的问题 8），那么考虑一下你的日程安排，找出你可以练习观察能力的时间。在超市里排队结账时，在健身房健身时，以及在走着去上班的路上，你都可以练习观察和发现。

给自己一点鼓励。在你尝试了一种新方法后，表扬自己一下。走出舒适区总是很难的，你应该为自己迈出了第一步而给予自己一些认可，哪怕它让人感觉不自然，或者并没有达到想要的结果。小小的成就感能让你不断进步。

认识到正在发挥作用的优势。你应该承认自己已经掌握了一项技能。这种认可能够给予你启动点。更有可能的情况是，这些得分较高的优势就是你天生的优势。继续发挥它们的作用，不要忘记你拥有着这些财富，尤其是当发挥影响似乎成了日常琐碎时。

征询他人的反馈。如果你能从经常见到你的人那里获得反馈，你作为安静影响者的成长会变得更快。告诉别人应该观察你哪些方面的改变，这样他们能比较容易地给予你帮助。假设你想提高书写的能力，那么你可以让朋友坦诚地指出你的邮件或提案中，有什么地方写得不够清晰。只有当你知道自己做得怎样时，你才有可能进行改进。反馈还能强化你的进步，树立你的信心。

留意反应。当你运用一种新的影响力优势时，注意自己有什么感觉。例如，如果你习惯通过文字来影响他人，那么一开始专注的交谈会让你感到不舒服，注意你的新行为产生了怎样的影响力结果。与之类似，你需要观察其他人的反应。例如，当你开始发起交谈时，同事们可能会有些吃惊，甚至会有些警惕。通常这需要一点时间让每一个人（包括你）适应你的改变。

|接下来的步骤|

如果你将本书中的建议用来应对你正面临着的影响力挑战，那么它们对你会更加有意义。在继续探讨之前，花些时间反思以下问题，记录下你的答案。在我们一起探讨的过程中，我会提醒你思考这个挑战。

1. 在工作中，是否在某种情况下你希望自己能够发挥更大的影响力？请花些时间来描述它。

2. 其中主要参与者都有谁？

3. 在这种情况下，你主要面临的挑战是哪些？

4. 到目前为止，你尝试过什么行动或行为？产生了什么结果？

5. 在这种情况下，什么样的结果是令人满意的？事情可以发生怎样的改变？

6. 回顾你的安静影响力分数。你想将哪个或哪两个优势应用于这个挑战？

无论你面临着怎样的挑战，安静影响力都将增强你在职场中的影响力，使你获得应有的关注，为你的组织带来巨大的价值。你与他人的关系会加深，你为加强这些优势而付出的努力将会得到回报。

不过一次只走一步。让我们从安静影响力进程的起点开始吧。这是一天中你思考最多的时刻，也是一周中你想法最丰富的时候，这就是你的独自静处时间。

04

懂得独自静处的艺术

我发现孤单一人很令人讨厌，这是多么惊人的可喜发现呀。

艾伦·伯斯汀（Ellen Burstyn），女演员

朱莉·欧文（Julie Irving）是一位行政专员，她在伯特利能源联盟公司（Battelle Energy Alliance）为60多个人提供支持。这家公司是位于爱达荷州福尔斯市（Idaho Falls）的爱达荷国家实验室的承包商。2009年，朱莉获得了享有盛誉的美国管理协会管理创新奖。因为她自发地为公司和社区创造并实施了汽车盲点安全计划，这项计划涉及当地10 000多名成人与儿童。

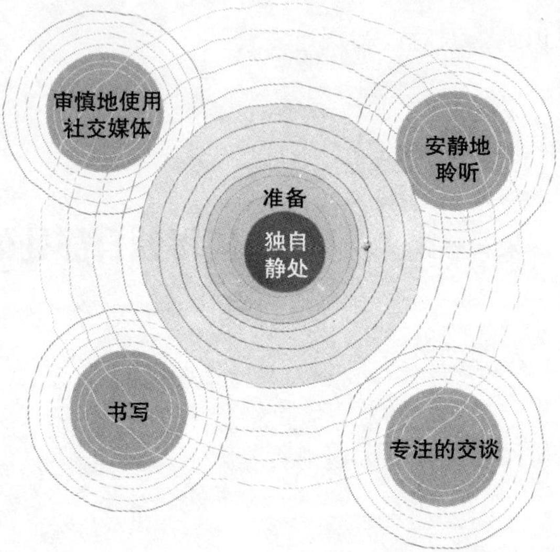

朱莉构想并实施的这个安全教育计划影响了很多人，挽救了许多人的生命。她发起这项计划的动力来自一次与她女儿有关的交通事故，事故差点酿成悲剧性的后果。朱莉说："一天我接到女儿打来的电话。她告诉我她刚刚卷入了一场交通事故。虽然没有人在事故中受伤，但一切看起来令人难以置信。她告诉我她当时正在倒车，结果和巨轮卡车撞到了一起。我问她倒车前为什么没有查看后视镜和侧视镜。她说，'我看了，但没有看到它。它正处在我的盲点里。'我非常相信我女儿，但不得不承认这个故事听起来有点令人难以置信。于是我决定上网研究一下倒车事故。我的调查研究将我引上了一条不可思议的道路，它不仅改变了我的生活，也与成千上万其他人的生活密切相关。”

意识到国家对汽车盲点安全缺乏关注后，她开始不懈地推动自己的改革运动。一开始她先在网上研究盲点的安全问题。她发现了一段视频，视频上显示几辆汽车和放在它们后面的一排道具排列在了一条线上，并且显示司机们看不到这些道具。朱莉感到很好奇，她亲自模拟了一下。她在自己汽车后面每隔 3 米处放一个道具，一直放到了 18 米外。然后她坐进自己的汽车，调整好后视镜和侧视镜，结果她吃惊地发现她看不到自己放在 9 米处的变速自行车和三轮车。

朱莉和家人分享了这个新发现的情况，但她希望能做些什么来避免悲剧的发生。她制作了一些海报和小册子。另外，她还发起了一个互动性质的盲点安全问题演示。这是她第一次和组织中的安全团队一起进行演示。一开始他们给几百名同事做演示，后来在区域性会议上进行演示，再后来他们的演示进入了更大范围的社区。与志愿培训者一起，她最终把这些安全信息带给了 10 000 多名成人及儿童。

尽管她女儿的事故激发了她，但这项很有影响力的事业源自每天结束时她给自己留下的静处时间。朱莉回忆道：“在一天结束时，我的精力总像被耗尽了一样。我真的很期待独自静处的时间。它对恢复我的精力很重要……我的静处时间通常被安排在晚上，到那时我已经完成了我认为当天需要完成的重要事情。最后我会抽时间放松和恢复精神，这通常发生在泡浴时，”她继续说道，“静处时间通常是我用来思考、梦想、计划、面对挫败、克服恐惧和解决问题的时间。我发现在这段时间里，我常常能想出很有创意的想法和点子……望着星星和天空总会令人神清气爽，让我不禁微笑。”这样做似乎还鼓舞她发挥出了巨大的影响。

你是如何发现并运用你的静处时间的？你如何逃离不断涌来的短信、邮件干扰，如何躲避那些影响你思考的临时性交谈？法国数学家布莱兹·帕斯卡（Blaise Pascal）曾说：“人们的所有痛苦都来自不能独自坐在一间安静的房间里。”事实上，研究显示：冥想（或许是最能够全神贯注的静处时间）可以降低血压，放缓呼吸，减少焦虑。这很重要，因为压力、分心、不快乐和焦虑会妨碍你成为最佳影响者。

如果你想增加安静影响力系数，那么首先从优先安排独自静处的时间开始，并以对你最有利的方式使用它。意外的是，通过找时间、找地方躲开其他人，你能够改善自己影响他人的能力。作为一个内向的人，你需要独处，或者至少在一段时间里避免与其他人进行互动，这样你才能达到最佳状态，你可能很清楚自己需要静处的时间。被迫与人互动会令内向者精疲力竭，他们会为之苦恼。内向者对各种刺激，比如声音、运动和光，更加敏感。由于静处的时间是其他优势的坚实基础，因此它是我们首先要仔细研究的优势。记住，尽管静处的时间是安静影响者通常采取的第一个步骤，但它同时也是恢复精力的避难所。因此在发挥影响的过程中，你会一次次返回这里。

在静处中提升影响他人的能力

静处的时间能够提升你影响他人的能力，因为它释放出了你最有创意的想法，保存了你的精力，增加了你对自己和他人的了解，并有助于你集中注意力。

1. 释放创造力

当你把静处的时间放在了最重要的位置，那么你充分运用知识、技能和经验的能力就会得到提升。从定义上看，影响者推动了新的思考方式。静处的时间使这些创新的想法得以逐渐扩展，然后从你的头脑中显现出来。你的右脑比较非结构化，倾向于尝试、创新和想象，不太注重秩序。当你处于放松状态时，右脑能够更充分地施展它的能力。正是在独处的这段时间里，你孕育出了足以让别人停下来去倾听的想法，正是这些想法使你成为影响者。

事实上，新的研究表明，最好的点子来自独处的时候。《安静》的作者苏姗·凯恩认为，独处其实是创新的催化剂，因为它一直以来就与创造力和超越相互关联。她提出许多创意天才，比如第一台个人计算机的制造者史蒂夫·沃兹尼亚克（Steve Wozniak）、博物学家查尔斯·达尔文和作家马德琳·恩格尔（Madeleine L'Engle）都是在静处的时间里孕育出他们的梦想的。

科学记者莎伦·贝格丽（Sharon Begley）也赞同这种说

法。在《新闻周刊》（*Newsweek*）中她写道："富有创意的决定更有可能出现在大脑运用潜意识思维来解决问题时，而不是出现在从正面对问题进行分析性的进攻时。因此我们可能在洗澡的时候会想出富有创意的想法，而当我们沉浸在源源不断的数据中时，反而更难产生创意。"

安静的影响者称，他们在现实中看到过这种现象。前销售员，现在担任高管培训师的维奈·库马尔（Vinay Kumar）解释了静处的时间如何有助于他发挥创造力："我的大部分写作内容来自内心深处的某个地方。当从事像慢跑、远足等活动时，我的潜意识似乎最活跃。"

2. 保存精力

内向者通过独处来补充精力，因为在独处时，感官输入会减少。作为内向的人，为了活在当下，为了与别人相处时能达到最佳状态，你需要独自静处的时间。如果你感觉精疲力竭，便很难活在当下，从而去挑战现状、鼓励其他人前进。你需要退出各种活动，给自己所需的静处时间，从而恢复精力。

作家是通过他们的文字来激发我们以不同的方式进行思考的影响者。许多作家很内向，他们学会了如何保存精力。例如作家史蒂芬·金（Stephen King）早上精力最旺盛，他把这段时间留给严肃的写作任务："上午我会写新小说。下午小睡一会儿，写一写信件。晚上阅读，和家人在一起，看电视上的红袜队球赛，再完成一些刻不容缓的小说修改。一般来说，上午是我主要的写作时间。"毫无疑问，这种日程安排有助于金写出丰富多样的作品，影响数百万读者。

3. 增加你对自己和他人的了解

当你用静处的时间来恢复平静，你便会了解自己是谁。当你让自己的想法和感受有时间浮现出来时，你会变得更加自知。你可以评估自己的动机、发掘自己的价值、认识自己的优势并改进自己的不足。敏锐的自我意识意味着你能够对如何影响他人做出更好的决定，也能对试图影响你的人做出更好的回应。

一家成功媒体的 CEO 分享说，在从办公室到公共汽车站的 15 分钟路程中，他常常会产生与发挥影响相关的“突破”。“我想出了应该如何处理某种状况，应该如何构建一次对话。例如我可能会决定这一次我不必固执己见，可以让谈话随意些，动态关系就会呈现出来。”

安是一家一流时装店的资深法律专员，她通过散步锻炼身体获得静处的时间。在一次散步中，她想出了与一位特别咄咄逼人的同事进行交往的方式，她决定从关心这位同事的儿子入手。这些话题让她们有了共同点，事实证明这些谈话成为了她们之间关系的转折点，为安发挥影响打通了道路，也对她推进一个非常棘手的项目很有帮助。总之，因为这个静处的时间里做出的决定，安才能引导这位强势的女性采用新的思考方式，使她信任自己，并与安建立起了友善的关系。

4. 保持专注

独自静处的时间，哪怕只是几分钟，也能让你变得更专注、更高效，这样你便能更好地挑战现状，对状况和结果发挥影响力。让我们以前滑雪运动员亚当为例。他从很小的时候就开始从事这项运动，到上大学时，他和诸如奥运会冠军博德·米勒（Bode Miller）这样的选手一起滑雪。亚当说，在每次比赛前，他会想象每一个转弯。在出发前，他在脑海中会清晰地看到整个滑雪的过程。当比赛开始时，他已经在头脑中滑完一遍了。

在比赛前，亚当利用静处的时间进行这种练习。如今，作为一名管理咨询师，他会在安静的会议室里采用相同的方法。在给客户做简要介绍前，他先在脑子里把演讲过一遍。就像几年前他在滑雪比赛之前所做的那样，他提前预想到了各种转弯。他想象出各种棘手的问题和可能遇到的抗拒，想好在出现这些情况时该如何应对。通过独自静处的时间中获得的专注，亚当发展出了非常有效而低调的影响方式，因此他的客户常常会听取他建议的做法。

利用静处时间来集中注意力对简也很重要。简是美国疾病控制与预防中心的项目经理，她的任务是应对传染病的大爆发。她说："一切都很紧急，因为你可能正在挽救生命，你总觉得你好像在一边造飞机，一边开飞机。"一次，她想设法赢得另一个部门的支持，在小型同伴互助团体的会议之前，她安静地细细思考头脑中的想法。这样她便为与互助团体探讨潜在的解决方案做好了准备。这个最初的头脑准备活动有助于她将注意力集中在讨论上。最后简非常有效地运用了团队的贡献，使得自己的论据更加令人信服。

正如我在这里所描述的那样，专注是一种心理准备的形式。它是第 5 章所探讨的其他准备类型的一部分。一种安静影响力优势自然而然会与其他优势相混合，但只有将独自静处的时间排在最优先的位置，你才能进行这种心理准备。

如何获得独自静处的时间

安静的影响者会应用各种各样非常有效的方法来获得静处的时间，并把它转化为进行平静的反思的时间。恢复精力和进行反思并不存在唯一正确的方式。在本书所采访的内向者中，并没有两个人采用完全相同方法来获得静处的时间。很多人通过创建日程结构来保护他们静处的时间，或者通过管理技术和探索自己的内心来恢复精力，进行反思。

1. 在每天的日程中设定固定的静处时间

日程安排与在日历上保护你的静处时间。和你自己做个预约，它和你与其他人的预约一样重要。让我们来看一看沃利·波克（Wally Bock）的经验，他把自己称为“边缘型内向者”。波克是一位颇有风度的领导力教练兼多产的作家，他注定是孤独的。当问及他参加写作团体的事情时，他笑着说他并不是一个群居动物。波克解释道，他宁可去写，也不愿意谈论写作。每天早上他都会安排出 3 个小时的写作时间，这个时候他一定会坐在书桌边。他很有条理地写博客，然后把它们贴到社交网站上。通过在网络上与人们进行交流，通过推广同侪们的观点，他正在影响着其他人。最近波克发表的博客超过了1 000篇，在Twitter上拥有9 000多个粉丝。他所发挥的很多影响力便来自于这些在日程中设定的静处时间。

在一起的独处

艾娃是一位富有经验的销售代表，她生活在大城市。她负责接待来自小镇上的另一位销售代表劳伦。在拜访几位客户的过程中，她们在当地一家星巴克停下来休息。劳伦从来没有进过星巴克，虽然它的连锁店到处都是。当她们离开时，劳伦问艾娃，那些戴着耳机、看着笔记本电脑的人在干什么。她感到奇怪，为什么人们在一个应该聚会的地方并不是聚会呢。而对艾娃来说，公共的独处已经成为了她的第二天性，因此她觉得劳伦的问题很奇怪。她给自己困惑的同伴解释了“在一起的独处”的概念。

静处的时间并不一定要真的独自一个人待着。有时这也是不可能的。事实上，很多内向者在有其他人的时候也能出色地完成工作。他们不一定要和别人交谈。例如在咖啡店里，其他人的活动、自己强制性的专注，以及是否参与其中的选择加强了静处的时间的体验。就像集体冥想或很多人坐在图书馆里，其他人的陪伴能够带来一种无法解释的舒适。这种舒适能够建立信心，使人们获得更深入的自我意识和他人意识。

早点起床。像史蒂芬·金一样，你可以利用早晨的时间抢得先机。索菲亚·登布林（Sophia Dembling）是《内向之道》（*The Introvert's Way*）一书的作者，也是很受欢迎的博主。她的博客的浏览量超过了 200 万。索菲亚说："我独自工作，因此很自然便会得到静处的时间。事实上，我有很多静处的时间！上周我们家来了暂住的客人……于是早上我有时不会马上起床，而是把笔记本电脑拿上床。在我起床面对他们之前，我想自己待一会儿。我很喜欢这些人，但那么多人啊！"

独自吃午饭。一个人吃午饭是否会让你感到自责？不要自责。这样做让你有机会和自己相处一会儿。利用中午休息的时间重新集聚并恢复精力是一种很理想的策略，尤其是如果你每天在其他时间里不能这样做。戴维是一家软件公司的高管。他说如果哪天他把很多时间花在了与人互动上，那么他通常会选择独自吃午餐。他会在面前摆一本书，这样可以友好地阻拦别人想要与他交谈的企图。

安排休息时间。由于待人接物非常消耗精力，因此一定要让自己有机会离开办公室，离开会议，或者暂时放下工作，哪怕只是几分钟。在室外少走一会儿或在走廊里走一走都会有所帮助。你会发现自己的精神重新振作了起来，再次充满了活力。

选择最佳工作环境。想一想你在什么地方效率最高？技术的发展以及公司的业务的操作状况使得完成工作的时间和地点变得更加灵活。你对工作环境的控制力可能比你以为的更大。灵活的工作环境能为你提供所需的静处时间。试着和老板谈谈能否一周在家工作几天，或者如果你的办公区是开放式的，那么你可以暂时利用一下空闲的会议室。

2. 管理技术

关掉各种电子设备。来吧，试一试。在独自静处的时间里，把它们关上或者调成静音。过段时间，最好在计划的时间里，再把它们打开。即使对内向的人来说，专门设定时间来查看电子设备也是很有挑战性的。然而电子产品的持续干扰会打碎你用来思考和创造的整块时间，它们已经成为了巨大的干扰源。一般认为人们如果被一封电子邮件打扰了，那么他们需要 4～15 秒的时间重新回到原来正在做的事情上。寻找能够帮助你管理这类问题的应用和软件。这些应用程序能够帮你设定在社交媒体上发帖子的时间，在设定好时间之后，它会断开网络连接，甚至能管理你的收件箱的收信规则。

组织如何为员工的静处时间提供支持

组织已经认识到员工需要静处的时间，微软公司的工作程序新方法（New Way of Working Program）就是这样一个例子。在位于阿姆斯特丹的微软分公司里，所有员工可以在家办公，但需要回公司开会或完成合作任务。

鹿特丹管理学院（Rotterdam School of Management）的研究者测量了这种方法所产生的影响。他们发现5年后体现工作与生活平衡的分数提高了40%，生产效率也获得了显著改善。研究报告称：“现在没有人有固定的办公室，整栋楼主要用于进行一些活动。它不再是传统意义上的办公室。员工可以根据自己需要完成的任务进入这栋建筑相应的部分。渐渐地，它成为了一个用于会面的地方，员工在这里与同事、搭档及客户进行交流。

由于这种平衡的方法既可以满足内向者的偏好，也可以满足外向者的偏好，因此它形成了一种鼓励有目的、有思想的交流环境，同时也能促进创造力与决策力（它们是影响力的标志）。

减少刺激。调整你的环境，促成静处的时间。内向者常常会把光线调暗，用白噪音压过刺耳的声音，创造一种宁静、安静的氛围。如果刺激会干扰你的静处的时间，那么尽量避免去嘈杂的餐馆和拥挤的地方。相反，你应该选择呆在安静的家里或公园里比较僻静的一角。

关掉所有的声音。试着不戴耳机散散步，试着开车时关掉收音机。在飞机上使用耳塞或消除噪音的耳机。静处能够使你的大脑和身体都得到必要的休息，这样你才能恢复精力，让富有创意的想法涌现出来。几年前，我乘坐火车从巴尔的摩去纽约。忙碌了一天后，我坐进了拥挤的车厢，立即注意到这次与以往乘坐通勤火车的短途旅程有些不同。是什么不同呢？我突然明白了。没有人对着手机大吵大嚷或者大声地聊着天。我环顾四周，发现人们有的在打盹，有的在望着窗外遐想，有的在看书，有的在写东西，有的在发呆。我坐在了一节“安静的车厢”里。我享受着宁静之旅，充满活力地抵达了宾州火车站。对于能够发挥我的影响力来招呼到平时神出鬼没的出租车，我比以往任何时候都更加有准备。

3. 内省

锻炼。站起来，到处走一走。静处时间不一定要坐着不动。事实上，锻炼是很多人静处时间的重要组成部分。乔希是财富 100 强公司的运营经理，30 多岁，是一位内向的父亲，他有三个孩子。他似乎总能轻松地应对他所承担的许多责任。那么他是从哪儿获得了这些精力，从而可以在所有这些方面发挥影响？乔希说只要他能挤出一点时间，他就会用这些时间来进行锻炼。在这些短暂的休息之后，他发现自己的注意力更容易集中了。他说：“这就像重新启动，也像是给我的电池充电。”他主动获得的静处时间似乎为他发挥影响力提供了燃料。他的影响力体现在为组织的业务资源团队带来富有创意的项目，为商业人士写作日文的书籍，以及领导跨文化的培训计划，以改善与海外呼叫中心之间的沟通。他甚至还进入研究生院读硕士。

写日记。在日记本或电脑上记录你的想法、动机、梦想、欢乐和担忧。书写的过程会令你的想法变得清晰，其作用就像某种冥想。前销售员兼高管培训师维奈·库马尔（Vinay Kumar）说，当他强迫自己去想东西的时候，什么也想不出来。但是当他进入独自静处时间时，便会才思如泉涌。正如维奈谦逊的解释："我不认为我的脑子能够想得出我所写的很多东西。想法不知道是从哪里冒出来的。对我来说，除非我把它们写下来，否则它们便会反复出现。当我把它们写下来的时候，它们消失了，然后新的想法开始浮现在我的脑海里。"作为前销售员和高管培训师，维奈是内向者的支持者，他给很多内向的人写了充满鼓励的文字，从而挑战传统思维。与维奈类似，作家兰迪·彼得森（Randy Peterson）强调了在静处时间里，某些恰当的工具所具有的重要性。"当我想发挥创造力时，我会坐在壁炉旁，听着古典音乐，拿着黄色便签和一支钢笔，不能用圆珠笔，然后粗略地写一些草稿。这些草稿通常都很不错。"他若有所思地说。

不要忘记呼吸。把蜷缩在一起的身体打开，好好伸展一下，专注于你的呼吸。每次吸气和呼气时心里数着"1、2、3"。你会更加清晰地意识到自己的呼吸，必然会随之进入静处的时间。有目的的呼吸还有助于你活在当下。你能把昨天发生的事情和明天等着你去做的事情都抛在脑后。通过有意识的呼吸，你能够将注意力集中在自己最好、最深层的想法上。

小睡。白天找个合适的时间和地方小睡一会儿。许多成功的影响者非常依赖小睡，因为潜意识在睡觉的时候能够最好地发挥作用。软件公司的高管戴维是这样解释这种联系的：“我被认为是一个内向的人，我正向着领导角色转型。我的职位需要我做很多公开的演讲、培训并推动会议。在长时间的会议或培训课程之后，我会避开其他人，睡两个小时，补充精力。”

太多独自静处的时间只会令你丧失影响力

过度使用任何优势都会把优势变成劣势。生活就是平衡。这就是为什么太多独自静处的时间对你的影响力会有消极影响。具体来说就是，太多独自静处的时间会导致想法凋萎，缺乏动机，失去洞察力，错失掉机会。

1. 想法凋萎

如果静处的时间过多，你会产生很多想法，但它们最终只是富有创意的无所作为。你的想法可能很高明，但如果它们一直只是停留在你的脑子里，而没有变成任何行动，那么它们始终只是想法。成千上万的书未被写出来，无数创新一直未被开发，因为它们的首创者沉浸在独自静处的时间里，而不是出来与其他人分享这些想法。

2. 缺乏动机

电池需要一定量的时间来充电，充满了之后再充就会有违初衷，产生不了积极的作用。虽然每个内向的人需要不同长短的静处时间，但大多数人都赞同如果过度使用这种方法最终将会耗尽他们的精力，甚至会导致孤僻和抑郁。

让我们来看一看长期失业者所面临的挑战。在几次经济衰退期，我曾为这样一群人提供过咨询服务。我发现如果这些求职者花太多时间在电脑前发简历，他们便会失去活力与动机。然而，如果他们从事一些志愿服务，他们的悲观情绪便会消失，他们不再只盯着自己的问题，而是会变得重新充满活力。用太多静处的时间专注于自己的困境显然并没有激励他们，待在家里的时间反而耗尽了他们用以促进雇主雇用他们所需的精力。

3. 失去洞察力

尽管意识到你的优势和盲点有助于你成为一个高效的影响者，但如果一直只是让想法停留在你的头脑中最终只会适得其反。你逐渐开始猜测自己的决定，质疑自己的能力，从而推迟采取行动。总之，你失去了洞察力，发挥影响和推动改变的能力也会相应地会受到侵蚀。

多久的内省算是太多呢？在思考多少自我意识算足够时，记住以下这句有帮助的话："回顾，但不要盯着看。"当你意识到自己在重复相同的想法，但却没能对自己的想法产生任何新的理解时，便是停止这种心理活动的时候了。陷入自我分析会让你总是在追忆过去，这种行为很少能推动你采取富有成效的行动。

4. 错失机会

始终与世隔绝还会让你失去发展自己、发展你的事业的机会。这种现象背后的机制是，一种被称为“认知差距”的事物开始出现，也就是“你希望被别人如何看”和“人们实际怎么看你”之间的差距。假设你在项目上独自付出了很多时间，然而问题是，往往在大多数情况下，别人并不能看见你的付出。如果是这样，同事便会认为你冷漠、势利或愤愤不平，虽然这实际上都不是真的。不幸的是，这种误解会破坏你在职场中的人际关系，并最终使你失去了影响这些同事的能力。

让我们来看一看这个例子：一所大学的管理办公室有 5 名职员。其中 5 个人不会把一些重要的信息与第 6 名职员分享。这名职员叫贾娅，她总是关着门。其他职员由此猜测她对他们的讨论并不感兴趣。但事实恰恰相反，贾娅正需要这些信息，但她也需要独处休息的时间。对那些重要信息的缺乏妨碍了贾娅影响本系选民的能力。不幸的是，她的隐私诉求被其他职员误解了，但这根本不是她的初衷。当双方坦诚地表明了他们的印象时，他们消除了误解，找到了既可以分享重要信息，又可以尊重贾娅对安静的时间的需求的方法。

太多独自静处的时间导致失去机会的另一种形式是过度依赖你在静处的时间里形成的愿景。随着现实的展开，过于依赖某个结果会让你失去平衡。现实世界中的生活永远不像我们的想象，可能会发生多种情况，你不应该固守自己对某件事情的看法，如此一来你便无法顺应潮流了。萨拉是一名采购员，她想象着自己的提议如何赢得了一位团队领导的青睐。她设想了会议上的一切，还在脑子里反复播放当时成功的场景。不幸的是，在真实的会议上，一位被最后邀请的专家提出的问题打乱了她。这些问题让萨拉措手不及，她乱了方寸，陷入了焦虑之中，根本无法用心聆听对方到底问的是什么，最后她失去了推销自己提议的机会。

|接下来的步骤|

独自静处的时间并非是只有少数人可以享受到的奢侈品。这是你照顾自己所需的基本方法，这样在工作和生活中，你便能拥有更大的影响力。如果你已经为自己安排了独自静处的时间了，那么坚持这样做下去。如果你没有安排的话，那么尝试这样去做。这对其他安静影响力优势会有所帮助，由此还能形成安静影响力系数的坚实基础。

专注于本章的 5 个要点，努力争取独自静处的时间。

1. 能够使你成为与众不同的影响者的点子常常出现在独处时。

2. 哪怕只是几分钟集中的静处的时间，也能提高你的专注力与工作效率，这样你便能推动事情的发展，对现状提出挑战。

3. 改变习惯，让独自静处的时间成为你的优先事项。试着独自吃午餐，通过短暂的休息、锻炼和小睡来恢复精力。

4. 为了充分利用静处的时间，把电子设备都关掉。

5. 记住，太多独自静处的时间会耗尽你的精力，使好主意封闭在你的头脑中。享受你的静处时间，然后返回现实世界中，对其他人和现状产生影响。

接下来，反思以下问题，加深你的学习。

1. 你最近一次利用静处的时间来思考问题或机会是什么时候？在独自静处的时间里，你是否能够平静下来，是否能用新眼光来看待问题？

2. 为了不受打扰地进行反思和计划，你会去哪儿？什么样的活动能给予你很好的反思时间？

3. 静处的时间如何帮助你应对发挥影响力时所面临的挑战，也就是你在第 3 章中所认识到的挑战？

获得独自静处的时间对你、对你的安静影响力系数最终对你的组织都会有所裨益。不过你应该如何处理从静处的时间中所获得的明晰、精力和专注？你应该用它们来促进下一个安静影响力的核心优势，即准备。

05

内向者的核心优势：不打无准备之仗

对于你所做的每一件事情来说，直觉都很重要。但是如果没有坚持不懈的准备，你所做的一切都毫无意义。

蒂姆·库克，苹果公司 CEO

杰克是一家大型非营利教育组织的英语自查副主任。人们认为他是一位非常高效的经理，是名副其实的安静影响者。“准备”这项安静影响力优势是他的显著特点。

以他如何应对以下的挑战为例。在新教师培训项目的考察阶段，杰克需要说服很多地区性合作机构，让它们督促老师们使用新的、改进后的资料。他面临着两个主要障碍：第

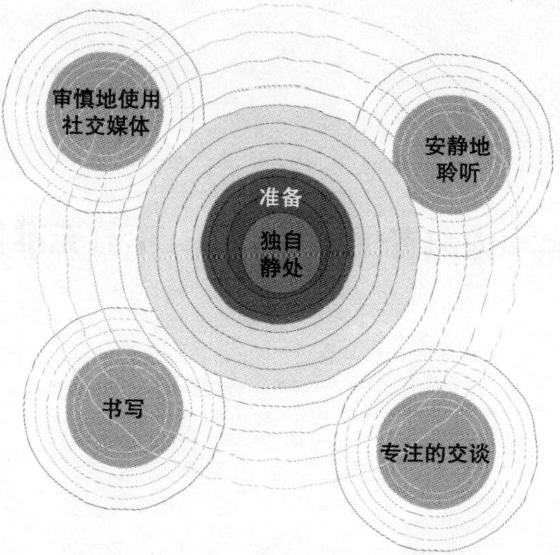

一，机构和老师们都已经觉得负担过重了；第二，合作伙伴认为在这个项目完成之前入伙是有风险的。大多数机构说，他们宁可等到所有事情都理顺之后再投入必要的时间和精力来启动新课程。

杰克认真思考了这些反对意见并想出了将这些区域性机构转变为重要的开发伙伴的计划。首先，他设计了一个动画火柴人的短片。这个短片很切中要害但又非常幽默有趣，观看者能够将它与实际需要解决的问题联系起来。杰克把这个视频分发给许多新的潜在合作机构。接下来，他与这些机构中的关键人物一对一地探讨他对这个项目的愿景。然后杰克让他们从测试者的角度提交一份建议。

每一个步骤都是令人兴奋的，他们的做法使潜在合作机构开始以新的方式思考参与这个试点项目有什么意义。接下来杰克又和他的老板设法克服了挑战，一起确定了行动步骤，从而推动了那些区域性机构。

“过去，我们主要让我们的高层领导来选择区域性合作伙伴，”杰克解释道，“现在通过为每个人开放机会，这个过程变得更加民主，也让区域性团队更有热情……这让他们觉得自己也是有贡献的，急切地想比别人更早地获得这些资源，尽管这些资源还不够完美，但是他们更加坚信应该与我们合作。因此，我就不必预先做很多说服工作了，因为到我们一起坐下来开会时，他们已经非常确信这个项目就是他们想要的项目了。这会使他们比其他区域提前一步。

杰克考虑周详的准备是否让你想到你应该如何迎接机会或应该如何应对挑战？准备是内向者标志性的优势，它对影响他人尤其有帮助。尽管对手是非常擅长“即兴发挥”的外向者，但安静的影响者很少会跳过准备这个环节。他们利用静处的时间来反思自己的目标、制订计划和发挥影响力的策略，其中包含对细节的关注，以及稳定、有条不紊的改革举措。

最终，这种有条理、深谋远虑的做法会显著改变内向者影响他人的能力。准备往往与静处的时间是相吻合的，这两个优势共同构成了其他优势的基础。如果你的整体安静影响力系数需要提升，那么可以考虑把提升的重点放在准备上，因为这项优势能够改善你在其他方面的表现。如果你在准备上的分数比你期望的低，那么不要试图先跳到其他优势上。从准备开始，或者从准备和静处的时间开始，因为除非你真正注意准备了，否则你就不可能有效地发挥其他四项优势。

充分准备让内向者影响他人的成功率更高影响

充分的准备让你影响他人的成功率更高，它能帮助你成为专家，证明你的提议的价值，让其他人参与进来，并增强你的信心。

1. 成为专家

安静的影响者知道他们在谈论什么。为什么？因为他们做功课，抽时间了解相关的主题。例如如果求职者花时间了解自己应聘的行业、公司和工作，为求职做了很多准备，那么他一定会给面试官留下深刻的印象。莫莉是一所亚洲研究大学系主任的行政专员。在应聘这份工作前，她预先了解了这位系主任的研究兴趣。在面试中，她提了一个有关中国现代家庭变化的问题，接下来的面试进行得很顺利，很快她便得到这份工作。

安静的影响者具有拥有耐心的特点，他们知道改变不是一蹴而就的事情，而是需要采取很多步骤，是一层层推进的过程，他们需要不断更新自己的认识。保险销售员阿什利知道，真正地了解同事、客户、潜在客户或潜在合作伙伴并与他们团结协作，需要付出时间和细心的准备。他分享说：

“销售通常是在你不经意的时候做成的。销售是多年的积累……如果你了解你的手下，并带给他们一些可望的前景，那么他们将珍视与你在一起的时间，会在某个时间带给你惊喜。”20 年来他带领的团队一直很成功，这足以证明这种策略是非常有效的。

2. 证明你的提议的价值

内向的人会花时间收集相关事实，这样他们便能为新的思考方式提出强有力的论据，或者提出行动的理由。德里克是一家出版公司的资深编辑，他在图书的选题策划方面发挥着重要的作用。在进行选题论证之前，他会进行非常广泛的研究。他会对杂志文章、政策文件、网络以及其他资源进行调研，以论证他的选择。当遇到反对意见时，这些第三方的证据会有助于他挑战现状，应对出版董事会的不同意见。董事会知道他在参加会议前会做很充分的准备，因此同事们都会尊重他的判断，并能仔细聆听他的看法。

另一位安静影响者乔迪·沃茨（Jody Wirtz）是一家商业银行的总经理。他知道自己不是一个天生的销售人员，他不靠非常炫的报告，而是通过两条线的研究来证明自己观点的价值。第一条也是最重要的一条是，在说服消费者购买产品前，他先分析消费者。“一个想法、一个产品或一个解决方案不可能适合每一个人。无论你多善于推销，你也没法说服诺德斯特姆的购物者去沃尔玛购物，反之亦然。”他用来证明产品价值的第二种方法是，搞明白他的观点、产品或解决方案与别人的有什么不同。那意味着需要做一些竞争研究，思考如何传播他的产品的相对优势和不足。当他花时间做这些准备，从而向某些人证明他的产品的价值时，他通常也做成了销售。

3. 让其他人参与进来

没有哪个安静的影响者是能够独自实现目标的。人多数人意识到当他们策略性地让其他人也参与进来时，他们发挥影响的能力会被放大。更多的人手不仅会减轻工作压力，更多的头脑也会带来其他的观点，扩展你的影响范围。记住，通过让其他人参与进来，你可以使他们承担起责任，因此请求他人帮助这一简单的行为便能增加你的影响力。然而，为了让他人能够及时并有效地参与进来，你需要进行相关准备、计划并实施管理。

有时，为了获得吸引力，安静的影响者只需要让另外一个合适的人参与进来就可以了。为了赢得很多人觊觎的《饥饿游戏》（*Hunger Games*）三部曲的改编权，制片人妮娜·雅各布森（Nina Jacobson）必须取得这部非常成功的系列作品的作者苏姗·柯林斯（Suzanne Collins）的信任，使她同意签署合作协议。雅各布森亲自打电话与柯林斯和柯林斯的代理进行了很长时间的沟通，随后她又请求她们共同的朋友，作家兼导演彼得·赫奇斯（Peter Hedges）为她作担保。雅各布森回忆道："当我在迪士尼公司时，彼得在试金石影片公司（Touchstone）制作了《亲亲老爸》（*Dan in*

Real Life）。他曾和苏姗在北卡罗来纳州一起参与一个很有创意的写作项目。因此我请彼得代表我打电话给苏姗，聊聊他与我合作的经历。这样一来苏姗就会知道，当我对她说，我想和她合作时，我是动真格的，不是只是说说而已。”雅各布森的方法奏效了，她说服了柯林斯把改编权卖给她，制作出了轰动全球的大片。

有时安静的影响者会让很多人参与到他们的项目中。西拉·艾布拉姆斯（Selah Abrams）是一家大型媒体机构中的工程师，他 30 多岁，为人低调。你在第 9 章中还会遇到他。不过工程师只是他众多角色中的一个。他与南非的一些公司合作，为娱乐产业培养了 10 000 多名企业家，成功地发起了新领导人委员会（New Leaders Council）的分会，并成为了公司充满活力的“下一代”业务资源团队的领军人物。

在每一个项目中，西拉都会与他所谓的“共同策动者”建立起关系。这些人是组织中的关键人物，他们愿意与西拉一起为推动他的社区服务而努力。西拉把自己的成功归功于其他人，他在谈论他的各种项目时，从来不会使用“我”这个词。“即使我做了更多的工作，我也始终会用‘我们’。我对将功劳都归为己有的行为感到很愤慨。”在准备这些与项目相关的展示报告的过程中，他会采用合作的方式。“我征求其他人的意见，总会考虑到如果有其他人一起来讲，甚至让别人作为主要演讲者是不是会更好。”通过这种低调的方式，西拉有效地利用这种吸引其他人的策略促进了改变。

4. 增强信心

内向者常常存在价值被低估的问题。他们不会大肆宣传自己的成就，所以人们不知道他们提供的价值。夸夸其谈的同事很容易使他们相形见绌，这些人把风头抢在他们的前面。五个内向者中会有四个人认为，外向者在职场发展中能够领先一步。当内向者在项目和晋升上一次次被忽略时，他们会逐渐失去对自己的信心。然而，准备工作会提升他们的内在力量与信心，使他们可以应对各种需要发挥影响力的情境，尤其是那些他们有可能打破现状的情境。

当他们把以往的成就作为基础，制订出准备充分的计划时，他们会感到信心倍增。对许多内向者来说，就像我们在第 4 章中看到的管理咨询师亚当一样，在独自静处时间中进行的心理练习能够帮助他们提升信心。有些人通过把自己最近取得的成就列成清单，来激励自己。清单提醒他们，他们确实有取得成功的能力。

让·保罗（Jean Paul）是一家技术公司的销售员。他发现当他花时间做了准备，他在会议上的表现就会比较出色。他说，“了解即将到来的谈话或会议内容真的有助于我做得更好……一旦我对主题有了很好的理解，在谈话或会议中我就会觉得更加自在了。”就像一些安静的影响者一样，为了获得展望和信心，他常常会在头脑中预演未来的谈话。通过问自己对方会有什么反应，他对情况加深了理解，在打销售电话的时候更信心十足。这样他的能力便能更好地呈现，因此客户们会以新的思路来考虑他们的问题，思考保罗提出的解决方案。

即使是高级主管也会通过树立信心来为发挥影响做准备。金宝汤公司（Campbell Soup Company）前总裁兼 CEO 道格拉斯·康纳特（Doug Conant）喜欢在开会之前带着同事一起去看一看会议场地。他解释说："这位同事必须是了解我们正在应对什么状况的人，而且他具有改进未来讨论话题的潜在能力。"康纳特将这种提升信心的方式称为"试金石"，这使他能够放松下来，专注于会议的目的和内容。

怎样做准备才有效

由于安静的影响者会有策略、有意识地做计划，因此他们能够明确地知道自己为会议、谈话、活动、报告或其他发挥影响的机会是否做好了准备。他们会采取 4 个有逻辑的步骤：收集信息和观点、制定战略、管理自己、练习。你可以依照他们的步骤来执行。

1. 收集信息和观点

把所知道的信息汇总在一起。把你已经知道的信息收集起来，进行组织。著名的导演兼作家伍迪·艾伦（Woody Allen）是一个内向的人，他会把写着各种想法的纸条放在一个盒子里。他会随机地从中抽取纸条以获得灵感。这是他的非线性的准备方式。毫无疑问，伍迪·艾伦令人振奋的影片影响了数以百万的观众。你的"点子盒"在哪儿？在你电子邮件的记事簿里吗？在你的文件夹里吗？在床边的笔记本里吗？或者在你手机上？点子盒可以是任何形式，找到一种适合你自己的形式。

在会议前实施“尽职调查”。企业为了准确地了解自己已有的资源，随时会进行尽职调查（为商业交易做准备而进行的研究或分析）。安静的影响者也想知道在特定的谈话或会议中，他们可能会面临什么，因此也会利用准备时间进行尽职调查。他们的方法通常包括阅读相关文件和信息，与知情人聊一聊。我们在本章一开篇认识的杰克也是尽职调查的热衷者。“在谈话或会议之前，我希望获得尽可能多的信息和背景资料：对方想从与我的交谈中获得什么？他们可能带有怎样的假定、想法或疑问？一开始我怎么能诱导他们透露出这些信息？”杰克利用这些信息来完成他的准备工作，“我希望制定清晰的议程……我希望清楚地知道我们将要探讨什么，为什么要探讨，以怎样的顺序来探讨。”

如果你将在会议或报告中发挥影响，那么一定要提前做尽职调查，搞清楚会议的目的。杰克说：“如果交谈或会议需要我给出反馈，或者需要我具有某些背景知识，那么我会要求得到一份可以在交谈或会议之前预先阅读的书面文件，这样我便可以提前对我的想法进行加工。”

深入钻研。通过吸收新信息来扩展你的知识。内向的米歇尔·马丁（Michelle Martin）是新加坡一位资深制作人、主持人兼广播名人。她会阅读与她的节目相关的所有书籍。

"如果这本书是我要采访的作者写的，不用说，我一定会深入钻研这本书。如果我不这样做，那便是对作者和他作品的不尊重。"深入细致的准备工作使她往往能问出尖锐性的问题，嘉宾的回答也不只是流于表面。因此很多听众会对具有争议的讨论做出反馈。

你可以通过研究网络上的相关内容、阅读已发表的文章、与了解相关主题的人交流、拜访相关地点等方法来进行深入钻研。

2. 制定战略

采访自己。在头脑里进行一问一答的战略会议。你想要实现什么？你是否想通过重要的使命来改变世界？你想引起董事会对问题的关注吗？你想为自己追求的事业筹集资金吗？还应该想一想你需要接触什么人。判断一下他们的目的，想象一下他们对你的观点会有什么反应。一旦你确认了这些基本情况，你便会知道应该怎样引导你的准备工作了。你还可以从你对自己的采访中提炼出对方可能提出的问题的清单，事先准备好回答这些问题的方式。

为主持会议做准备

如果会议由你主持，那么你便处在发挥影响力的完美位置上，你能使会议对所有与会者来说都是非常有意义的。你可以通过以下准备会议的小窍门来增加自己的影响力。

1. 决定是否需要开这个会。想一想你是否可以通过其他方式，比如一对一的交流，来解决问题或传达信息。《下次开会前读一读》（*Read This before Our Next Meeting*）的作者艾尔·皮坦帕里（Al Pittampalli）把会议称为“大规模干扰武器”。他说领导所做的最重要的一项决策就是什么时候需要开会，什么时候不需要。考虑一些可以节省时间的方法，缩减与人、与时间有关的成本，改进你影响他人的能力。

2. 选择恰当的时间、地点和议程。在与会者不太忙、不太累的时候召开会议。找一个舒适的、有激励性、对你们的工作都有帮助的地点，在会议议程中安排比较多的休息和活动时间。内向者会很感激你给他们安排恢复精力的时间，喜欢聊天的外向者当然也会自己找人交流。

3. 提醒与会者在会前做准备。尽管你控制不了公司的文化，但你可以掌控你与其他人的互动。如果你希望与会者提前浏览资料，思考会议主题，那么你应该早些发出会议议程和背景信息。告诉与会者，你希望他们在会议前（而不是在会议期间）阅读这些东西。一开始有人会觉得你做得有些过分，对与会者的期望太高。不过人们会逐渐习惯这种做法。英特尔公司很久以前便坚持每个会议都必须有议程。没议程，不开会。

4. 在心理、身体和技术上做好准备。早些调试好会议设备，及时解决技术上的小故障。提前抵达会场，为发挥影响补充精力。想一想怎样安排座位对互动最有利。一位内向的营销主管说，当她想压制一位团队成员强势的姿态时，她会调整自己的座位。当她想告诉人们谁是老板时，她会与那位同事面对面坐着。

制订战略计划。在便签上简单草拟一下或者制订正式的计划。你的计划一定要与主题相关。我们在第 2 章中认识的总经理乔迪・沃茨会在内部会议前列出 3～4 条相关的议程，并会起草会议介绍，其中包括对他观点的简要概括。图书馆馆长凯伦建议事先思考自己想要实现的目标以及自己想要表明的观点，她会在会议前构想出自己的结论以及接下来要采取的步骤。

通过草拟发言要点和与议题相关的问题，你也可以为自己的会议做准备。当你认识到自己所发挥的作用，为什么要参加这个会议，以及你的目标时，你便能把会开好。那些试图在大范围内推动变革的安静影响者常常会制订非常广泛的项目计划，比如像下一页专栏中所描述的计划。

制订影响项目计划

当你想要发挥巨大影响或应对复杂的挑战时，你应该制订一份“影响项目计划”。它有助于你坚定目标，坚持正确的道路并能够让其他人也参与进来。《预测性评估》（*Predictive Evaluation*）的作者戴夫·巴萨拉布（Dave Basarab）建议用以下模板来仔细思考你的观点：

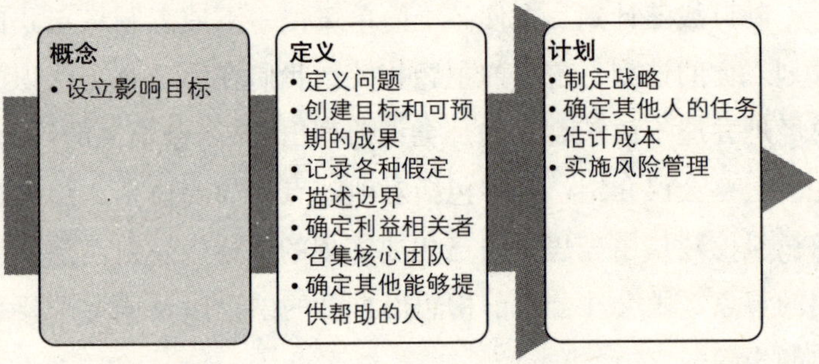

你用在制订计划上的时间值得吗？芭芭拉认为值得，“认真对待计划阶段的人能够实现他们的目标，就这么简单。而且他们比即兴发挥的人承受的压力更小。临时准备在小事上可能是可行的，但对于真正重要的事情，什么也替代不了适当的计划。”

思考可能出现的其他场景。为不可避免的曲折做准备。尽管进行了细心的准备，但你不可能预期到所有将会发生的事情。广播名人米歇尔·马丁（Michelle Martin）每天都要面对不确定性。“每次节目都令我很激动，因为我把它看成是一种合作：嘉宾、听众和我都会影响节目的进展。其中有许多未知的因素——嘉宾可能会支支吾吾，打进热线的听众可能会粗鲁无礼，我有可能会脑中一片空白。我的目标是因势利导。”

有时你需要应对措手不及的情况。例如内向的梅丽尔·斯特里普（Meryl Streep）接受邀请在 2011 年金球奖颁奖仪式上发表演讲。在得知自己获奖后，她的脸红了，亲吻了身边的人之后，她起身向舞台上走去。然而她忘了戴眼镜，所以没办法照着原先准备好的演讲稿念了。那么她是如何处理的？她非常爽快地说出了实情，讲了几句笑话，然后赞美了其他被提名的人。她令人愉悦、闲聊式的讲话是一种真正的表演，这可能为她赢得了更多的粉丝。

3. 管理自己

暂停。采取缓慢但深入的影响方式。记住使用你天生的优势，保持耐心，深思熟虑后再做出回应。不要试图逃避你在发挥影响过程中必然会遇到的抗拒，做个深呼吸，从容不迫地应对它们。在回复火药味十足的电子邮件之前，让自己有思考的时间。试着给自己发一份回复的草稿，然后编辑或删除它。当你觉得谈话中两个人的情绪变得有些激动时，让自己平静下来。如果你能保持镇静，等到自己平静下来后再做出答复，那么你就胜利了。

如果你能充分利用静处的时间，让自己在一天中有“喘息的空间”，那么在制造和利用暂停方面，你一定会更有成效。

对内向者来说，转换思维任务需要花费一定的时间。作家索菲亚·登布林（Sophia Dembling）会在两次约见的空隙之间给自己留有一些时间和空间。如果她提早到了，她会把车开进停车场，然后坐在车里，让自己放松，重新积蓄精神，而不是急匆匆去与人会面。教育管理者杰克对此表示赞同：“无论是什么电话或会议，无论是一天中的什么时候，无论是要见什么人，我都会先花几分钟回顾一下之前的记录，从而恢复我的记忆。”在这些有着准备作用的暂停中，闭上眼睛，缓慢而放松的想象也会大有帮助。

积极的自我对话。当面临冲突和困难的挑战时，问自己一个问题：“如果我不害怕，我会怎么做?”创建一个好警察/坏警察的场景，把你对自己说的每一个消极想法或假定（这是你的坏警察），用一个积极的、好警察的想法来反驳。当你发现自己有诸如“管理者不会认真对待我的意见”这种想法时，那么就有意识地将它转变为“我有一个新颖而有价值的想法，它对我们的组织会有帮助”。

寻求帮助。认清自己的极限，寻求他人的帮助，避免把自己搞得精疲力竭。成功的安静影响者已经克服了不愿寻求他人帮助的为难情绪。会计阿米莉娅从她所管理的实习生身上学会了寻求帮助的重要性。这些实习生不会羞于找人帮忙，而且他们提出的问题有助于推动项目的进展。因此当她自己的工作负担过重时，阿米莉娅就会去找老板。老板用5分钟时间就会帮她给很多任务排出优先顺序。阿米莉娅认识到，当你需要帮助时，坚持自己的权利甚至比节省时间更重要，这也会改变其他人对你的看法，他们会把你看成是积极主动的影响者。他们看到当事情偏离正轨时，你敢于挑战现状。

4. 练习

熟悉你的演讲词。站起来，演练你的讲话。沃尔特是一所文理学院的副院长，他承认公开演讲对他来说不是自然而然的事情，因此他会进行充分的排练。至少在演讲或作报告前一周，沃尔特便会在家里放上音乐，练习合适的姿势，排练要说的话。当“现场直播”时，他便能够非常清晰地表述自己的观点，他的演讲对很多学生和教职工产生了影响。专家常常建议人们进行这种练习。展示技巧教练戴维·格林伯格（David Greenberg）说：“排练是实验的艺术。”在排练中，把你的话录下来，即使它们只是开始的一小段。你会发现自己所使用的词汇与表达和写在纸上的不同，而且通常更有影响力。你可以把它们运用到你的下一次演讲中。

找到合适的声音。实验不同音调的声音。尽管你可能意识到了身体语言（眼神交流、姿势等）的影响，但可能并没有太关注自己的声音。声音专家兼《丰富的声音》（*Full Voice*）的作者芭芭拉·麦卡菲（Barbara McAfee）说，你应该改变你的声音。她解释说，不同的场合需要不同的声调。例如为了向严肃的人传递严肃的观点，你可能需要将声音降低到深沉的“土声”（earth voice）。当你想要让大家兴奋起来时，便应该使用充满热情的“火声”（fire voice）。

为每次讲话准备两个版本。为你最有可能面对的情境准备特定的讲话。通常的情况是，你最终还是没有足够的时间来陈述自己的观点。那位繁忙的运营经理兼三个孩子的父亲乔希建议，为你想要表达的观点准备两个版本，一个长的和一个短的。“为了说服高级副总裁，我准备了一个半小时的内容。后来他对我说，‘我要缩短这次会面，你只有三分钟来说服我。’”那次经历教育了乔希，后来他永远会准备一份短的讲话内容。

过度准备只能让你适得其反

需要做多少准备取决于你想要影响的范围，想要影响的事情的重要性，以及你是否能自然而然地发挥安静影响力。有时你确实准备过度了。在开发安静影响力的过程中，你需要了解什么程度的准备是恰当的，什么时候你应该停止准备，而投入眼前要做的事情。不要把准备变成一种惯性行为，牢记这个警告有助于你找到自己的平衡点。过度准备会导致分析瘫痪，错失与他人的交流的机会，失去焦点并对信心造成破坏。

1. 分析瘫痪

什么时候准备会变得过度？当任何事情都没有完成的时候，就是准备过度的时候。在某一刻，你必须摆脱准备的状态，开始做事。把太多的时间花在收集信息、查看事实上会让你陷入不作为的状态，阻碍你去现实中检验自己的观点，评估他人的反应。如果没有提出观点并实践它，观点永远不会被采纳，发挥影响过程的一部分正是传播观点并听取反对意见。不要因为恐惧而一直不断地进行研究，这样你会遗漏掉重要的事实。你永远无法把所有相关的事实都找到，你永远无法预测自己建议的改变是否能取得成功，你永远无法确切地知道在挑战现状的道路上会遇到什么阻碍。总之，完美是过于苛刻的要求，你不需要掌握所有的信息，争取掌握80%便足够了。

例如，软件工程师必须知道如何从客户那里收集足够的、而不是过多的输入信息。如果在收集数据方面他们做过了头，那么最终产品很可能超预算、推迟上市或者过时了。另外，有时他们的客户并不确切地知道自己需要什么，因此花过多时间向他们询问并不一定能带来最好的产品。

2. 错失与他人的交流

当你将准备工作的重点全部放在证明自己的观点时，在交谈、会议或报告中，你可能会过于专注于自己的看法，而失去了了解听众的需求与愿望的机会。过度准备会使你无法真正地聆听他人的想法和观点。当你想着如何坚持自己的计划时，你其实根本不会去听别人说了什么。你会漏掉细微但重要的身体语言，而这些身体语言有助于你对自己的观点作出适当的调整。过度准备会使你失去与想要影响的人之间的连接。

广播名人米歇尔·马丁简洁地总结了过度准备的危险："一开始我想要把所有的问题都写成稿本。这是非常冗长乏味的工作，我把自己搞得很厌烦。但是从业 12 年后，我就不再企图了解每一期节目会如何发展。当我能临场做出反应时，节目的效果反而最好。这样做让大家觉得嘉宾、听众和我都有参与的机会，并有助于节目顺利地展开，就像任何好的聊天一样。但是如果提前不做任何准备，我会非常焦虑，无法做到顺其自然。"

过度准备导致错失有效交流的问题在做报告时尤为明显。如今的听众们对"讲坛上的智者"没有太多耐心。尽管人们依然想听一听专家怎么说，但他们也想与演讲人进行互动。如何将报告中的内容和观点应用到他们自己的情况中？当听众们能提出问题并能进行充满活力而富有挑战的讨论时，报告便会跟他们更有关系，他们更有可能运用报告中的观点。聪明的大学教授和专业演讲者已经注意到了这一点。

3. 失去焦点

让其他人参与进来能够扩大你的影响范围、增加你的资源。事实上，大多数人希望能参与进来，因为他们想成为改变或行动的一部分。因此，一定要把注意力集中在最终目标上，而不是集中在实现目标的过程上。让我们来看一看一个志愿组织的例子。这个组织举办了一次为老年人收集个人卫生用品袋的活动。筹划委员会精心布置了收集站，设计了志愿者互相介绍的游戏，以及其他一些团队建设活动。然而最后，实际收集到的袋子数量远远少于目标数量。为什么？筹划委员会没有要求足够多的盥洗用品供应商来完成任务。在组织团队上花了那么多时间意味着准备阶段的焦点已经脱离了最终目标。这样的错误往往会导致失败。

公共健康官员阿丽克西斯学习到了类似的教训。她希望她的团队在没有她干预的情况下能够更好地合作，因此她组织筹划了一次目的明确的会议，强制团队成员必须合作，然而很多人抗拒这种方法。碰巧的是，合作确实达成了，不过并不是阿丽克西斯的功劳。合作是在正式会议之外的非正式情况下，比如在散步和吃午餐的过程中产生的。一开始，阿丽克西斯为自己的计划没有奏效感到很失望。过了一段时间，她才意识到自己召集的会议已经达成了目标。阿丽克西斯发现她的过度计划和对团队参与的过度强调，几乎使她看不到自己已经实现了最初的目标，即灌输合作的意识。

4. 破坏信心

在准备阶段，过于专注于培养信心有时会适得其反。过度准备会引发焦虑，使你失去支撑点。例如，在为了创建论据并影响他人而进行研究的过程中，你会意识到你需要了解的并不像你认为的那么多；或者当你了解得越多，你对自己的立场会变得越发不确定。这两种情况都会对信心造成破坏。

太多的准备也会让你想得太多，你担心自己该说些什么，正在说什么以及你刚刚说了什么。对于这种情况，一位受访者说："我不知道该说什么，我失去了信心，这让我很沮丧。"这种畏缩不前的情绪具有滚雪球似的效应，它会让你对自己的观点变得很不确定，这可不是影响他人的好起点。

在《内向者的"静"争力》一书中，我提出了4P过程：准备（Prepare）、呈现（Presencc）、说服（Push）和实践（Practice）。你会注意到准备只是整个过程中的一个步骤。在信心和动力变成猜测和怀疑之前，你便应该结束准备阶段，继续前进很重要。

|接下来的步骤|

准备对你来说可能是很自然的事情。由于准备能够促进聆听、专注的交谈、书写和审慎地使用社交媒体，因此致力于这项优势是增加你安静影响力的绝佳方法。首先应该巩固一下你在本章中学到的知识。以下是5个要点。

1. 细致、考虑周全的准备是内向者的标志性优势。

2. 安静影响者往往是进行全面广泛研究的专家。

3. 适量的准备会让你成为佼佼者，但太多的准备会蚕食你的信心。

4. 几乎没有哪个安静影响者是独自实现目标的。因此在做计划时，应该把其他人也纳入进来。

5. 安静影响者常常会制订一份书面的计划，它提供了发挥影响力的路线图。

仔细思考以下问题，让你的准备工作更进一步。

1. 想一想最近你在工作中成功提出建议的案例。你为此所做的准备或所写的书面提议是否收到了很好的效果？哪些准备工作最成功？

2. 想一想你没能做出应有准备的案例。你当时发挥影响力的效果如何？你认为如果事先做了哪些准备工作，效果会有显著不同？

3. 对于你在第 3 章中确定的挑战，你可以采取哪些步骤来做准备？书面的计划是否对你有所帮助？在计划或实施你的影响策略时，你是否想让其他人参与进来？如果对其中任何一个问题的回答是肯定的，那么你打算什么时候以及如何落实那些准备工作？

准备阶段通常包括收集信息和加工信息。安静影响者收集信息的一种方法是聆听，这是第三种安静影响力优势。在下一章中，你将学会如何聆听，这不仅能有助于你的准备，而且能让你与他人建立起连接。在实现发挥影响的目标时，你会用到这些连接。

06

安静地聆听胜过千言万语

对我来说，最大的恭维就是，别人问我有什么看法并仔细聆听我的回答。

亨利·大卫·梭罗（Henry David Thoreau），哲学家

伊莉莎·霍兹克劳（Elisha Holtzclaw）是苏格兰共济会亚特兰大儿童保健医院的儿科肿瘤护士。当你跟伊莉莎聊一聊以后，便会发现为什么每个人，从总护士长到其他护士，都对她评价那么高。有人这样描述她："一个很安静的人，但对病人非常有影响力。"

伊莉莎会非常专注认真地聆听病人和他们家属的谈话。

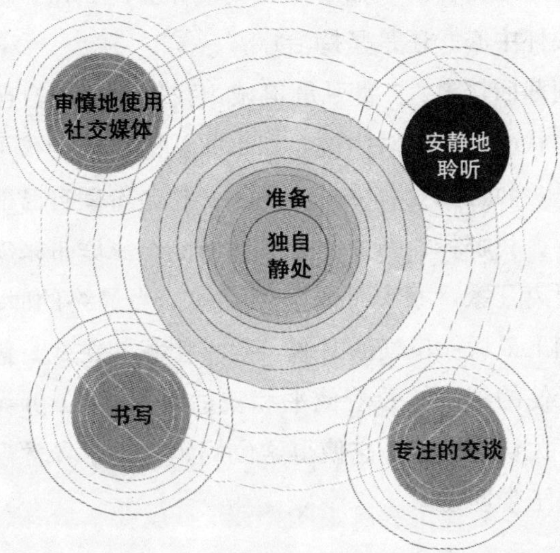

她的平静、同情和感同身受都在鼓励着病人和他们的家人分享他们的感受和问题。结果如何？伊莉莎帮助他们做出了可能是人生中最艰难的决定。

下面这个故事证明了她具有杰出的聆听能力。一位年轻的临终病人还有几周的生命。在病人接受治疗的过程中，伊莉莎成了病人妈妈的知己。一天，在门诊输液室里，这个孩子在输过镇痛药后睡着了。输液室里很安静，光线暗淡，只有孩子、妈妈和伊莉莎。病人的妈妈坐在躺椅里，伊莉莎坐在床上，一边给病人按摩着腿，一边陪妈妈说话，安慰这位妈妈。伊莉莎看着她含泪的双眼，非常耐心地听她诉说她的痛苦，她对这位妈妈充满了同情。这位妈妈问："请跟我说实话，我知道你会的。如果你是我，你会怎么做。你会带他去临终关怀中心，还是坚持治疗。”

伊莉莎回忆道：“我尽量坦诚，我努力想象自己正处在她目前的状况中。我对她说，如果我认为自己的孩子就要死于癌症了，而且承受着巨大的痛苦，我会希望自己能做出最好的决定。我解释临终关怀中心如何能给家庭带来安慰。孩子不需要离开家，家人可以陪伴着他。当最终的时刻来临，当他只剩下最后一口气的时候，我希望我能在他身边，看到他获得天使的翅膀，看着他平和安适地离去。”伊莉莎的回答充满了关切与同情，它使得这位妈妈做出了异常艰难的决定，把孩子带回了家。

这个令人心碎的故事不禁让我们思考我们自己的聆听能力。你是否能很好地聆听，产生移情能力（empathy）？你是否能像伊莉莎那样，通过聆听获得了发挥影响的机会？说出你的观点和使你的观点得到聆听，哪个更重要？

如果你像大多数人一样，那么你高估了自己的聆听能力。研究显示，糟糕地聆听是产生冲突、误解和低业绩的主要原因。同时，同样的研究也显示，聆听是一项普遍被忽视的技能。

这是一个坏消息。好消息是内向者是天生的聆听者。记住，内向者占总人口的50%。事实上，内向者更有可能以深度参与的方式聆听并加工信息。最近的研究发现，内向的领导比外向的领导更能影响比较健谈的团队，并达到较高的业绩水平。

聆听话语以及通过观察“聆听”对方的身体语言有助于你了解你想要影响的人和状况。咨询师兼《解决》（*Getting to Resolution*）的作者斯图尔特·莱文（Stuart Levine）是这样描述聆听的，“你允许每个人说出自己的情况，明确问题范围，你认为每个人的观点都是有效的，让每个人都可以展示出自己的兴趣。”

这种开放性和接纳的态度为信任创造了条件。像伊莉莎那样的安静影响者通过聆听，建立起了彼此信任的人际关系。由于安静的影响者常常先建立信任，再推动改变，因此他们会努力去赢得信任，而不会认为信任是理所当然的。他们不太可能利用自己有影响力的职位来获得短期效果，因为他们知道自己想要得到长远的影响。安静影响者拒绝采用诱骗的策略，尽量不承诺他们做不到的事情。驱动他们的是他们内心的坚定信念，他们无法接受有可能损害他们努力建立起的深厚关系的手段和策略。由于所有这些原因，他们认为聆听是他们最应该做的事情。

作为内向者，你的聆听优势能够增加你影响他人的过程中所产生的力量。当你获得了做准备所需的安静时间后，你便为真正的聆听做好了准备。通过聆听，你对眼前的情况会有更深入的了解，然后再返回准备阶段。提升聆听的能力也有助于提高安静影响力系数，因为它能促进双向的专注交谈（安静影响力优势4)；带来洞见，让你可以把它们写下来（安静影响力优势5)，并使你审慎地使用社交媒体（安静影响力优势6)。

此时无声胜有声：聆听的影响力

聆听有助于增加你对状况的了解，提高你的移情能力，有助于为你赢得信赖，建立承诺，因此你的安静影响力系数和发挥影响的能力都会有所提高。

1. 增加对状况的了解

作为获得信息和见解的一种主要方式，聆听帮助你了解周围发生了什么：人们在想什么，有哪些感受，甚至了解你遗漏了什么重要的环节。安静的影响者常常发现，问开放式的问题并且保持不做评判地去聆听问题的答案，能够让重要的线索浮现出来。当你仔细聆听时，便能从他人的言谈中发现该如何计划接下来的步骤以及该如何发挥影响力。

盖茨基金会（Gates Foundation）的主席梅琳达·盖茨（Melinda Gates）在非洲与那里的女性交谈，认真聆听了她们的见解。2012年5月《新闻周刊》上的一篇文章描述了梅琳达在撒哈拉以南非洲访问基金会支持的疫苗接种项目的情况。"盖茨会问边远诊所的女性们，她们还需要什么。她们通常会急切地说，需要避孕措施。她说，'这些女性毫不避讳，大叫大嚷地说出了自己的需要，这令我大吃一惊。'为此，盖茨认为这有可能改变全世界人们的生活。她决定把生育控制作为她工作的重点，作为公共健康的首要事项。'我的目标是让生育控制回到全球的议事日程上，’她说。”

聆听可以促成销售

像《乐器推销员》（*The Music Man*）中的哈罗德·希尔（Harold Hill）一样，销售人员一直被人们认为是不愿听别人怎么说，只想花言巧语地哄人买东西，是喜欢炫耀、爱出风头的人。然而内向的人完全可以成为成功的销售员，因为他们通常是很好的聆听者。以下是有助于促成销售的几种聆听方式。

听痛点。当你知道客户担心什么时（花费、利润、质量、更换新供应商的担忧等），你便能进一步探查他们担忧的深层根源，并让他们知道你提供的产品或服务如何能帮助他们解决关键问题。

问开放式的问题，比如，“告诉我……你发生了什么事情”或者“什么妨碍了你达成目标”。通过聆听和这种方式的探查，你便能真正地了解他们的问题，从而推荐定制化的解决方案。

正如作者斯图尔特·莱文建议的，要听人们从头到尾讲完。如果你肯花这个时间，那么对于他人的立场和需要，你便会有更完整的了解。

请对方提供反馈并认真聆听。前销售员，如今的高管培训师维奈·库马尔会问“我做得怎么样”或“我还能为您做些什么”这样的问题。然后他非常细心地聆听对方的回答，不会突然做出回应。这些回答告诉他，应该把什么销售给未来客户以及如何进行销售。当你基于这些反馈做出调整时，你会赢得客户的尊重。

安是我们在第 4 章中介绍过的资深法律专员，她说："开会时，如果你用心聆听他们的言语，便会吃惊地发现你对他们有了更多的了解。"在一次争议非常大的会议上，她仔细聆听，想了解谁是主导者，他们是如何互动的。安把这些认识记在心里，当她以后和这些人单独会面时，她便能有所准备，因此很有信心。她根据聆听而得出的方法在说服他人上发挥了重要的作用。

2. 提高移情能力

在本章开篇的故事中，当伊莉莎表现出感同身受的情感时，人们便会觉得她真的在聆听。移情是理解他人想法、感受或情绪的能力。当你对你想要影响的人表现出移情时，你便会真正地去了解他们的动机、渴望、欢乐、担忧和痛点。你还能理解他们为什么抗拒，为什么坚持他们的立场。聆听与共情有助于人与人之间建立起情感联系，这为进一步的有益交谈搭设了舞台。

特利西亚是一位年轻的工程师，她感到很沮丧，因为一起工作的同事、年龄较大的肯不愿意改进购买流程，以提高它的运转效率。在倡导自己的建议方面，她没有取得什么进展，直到她决定换位思考。她用心地聆听肯的立场，发现原来他恐惧改变，害怕学习新技术。认识到这一点后，她帮助肯解决了每一个担忧，鼓励他继续前进。

由于内向者往往是非常棒的观察家，因此他们很擅长发现他人深层情感的微妙线索。最好的安静影响者有窍门解读一个表情或一次耸肩背后的含义。在为塑造电影《成事在人》（*Invictus*）中纳尔逊·曼德拉一角做准备时，演员摩根·弗里曼（Morgan Freeman）非常深入地研究了这个人物。他解释说："你必须观察聆听。"用他的话说，他细致的观察让他感觉好像"把那个人直接输送过来了"。

安静的影响者甚至能与他人形成一种心灵感应。伊莉莎猜测道："因为我是个安静的人，而且善于聆听，因此其他人能够感受到我的感受。"按照她的观点，共情能够带来更有活力、更清晰的交流。最终它能够为鼓励他人、甚至为推动他人做出最艰难的决定而开辟道路。

3. 赢得信赖

用心聆听并感同身受对于促成改变来说非常重要。例如，当你致力于探究他人的担忧并给予他们回应时，你与他们之间的信任感便会增强。建立信任是一个有意识行为的过程。

德兰是政府机构的培训师。她希望自己针对工程师的课程能使他们走出自己的舒适区，对新的领导方式持开放的态度。不过首先她需要获得这个团队的信任。如果他们认为她对他们的工作一无所知，那么他们为什么要听她的？德兰克服这个障碍的方式是：在为期 5 天的课程中，在每天课程结束时，她要求工程师们提交书面的反馈意见。德兰有针对性的问题引出了有益的信息。这种听取他们需求的方式展现了德兰真诚的意愿，使他们认识到德兰真的很想了解他们的情况，了解他们的管理技能在哪里出现了问题。在每次开始上课前，德兰会读一些反馈，希望得到更清晰的需求意见，以帮助她确定课程需要强调什么主题。用心的聆听使德兰与学生之间建立起了信任，他们很好地接受了学习内容，获得了少有的高分。另外，他们带着新的实用方法回到了自己的团队，并能将所学立即运用到实践中。德兰对他们的领导力产生了影响。

4. 建立承诺

尽管发挥影响有时与改变思维方式有关，但它也常常会激励他人前进或实施某种做法。只有当其他人信服你的观点、或者真心希望实现你提出的改变时，他们才会采取行动。有关讨论如何建立承诺的书很多，你会发现它们提出的方法相当复杂。安静的影响者知道用心聆听常常能将他们个人的目标转化为共同的目标。

在因为《内向者的“静”争力》一书接受采访时，我发现很多记者非常想谈一谈他们自己有关内向的经历，而不是询问我的观点。当我注意地听他们说，而不是坚持我要表达的内容时，他们往往能写出经过周详思考的好报道，这些报道深入地反映了我们的交谈，提出了新的、更吸引人的问题。

具有讽刺意味的是，沉默是影响他人的一种有力的工具。常常不需要聆听者说一句话，说话的人便能自己发现自己的决定是错误的。或者像百货商店经理本一样，发现其他人，尤其是外向者通常会透露出他们平常不会透露的信息，只因为他什么都没说。本发现这种方法在面试时特别有用。应聘者常常会透露出他们的工作风格和兴趣，这些额外的信息有助于本把他们安排在合适的团队里。在那里，他们会最有干劲，最积极投入，最有可能获得成功。

如何做到安静地聆听

尽管教授聆听技巧的资料多得数不清，但以下这些经过内向者验证的窍门有助于你发展聆听技巧，提升安静影响力系数。这些窍门分为四大类：创造适当的条件，当一个共鸣板，提问题和超越语言。

1. 创造适当的条件

减速。由于你天生具有安静的性格，因此可能不需要提醒你放慢速度、认真聆听。不过你很可能在一个高速运转的组织中工作，这种节奏迫使你无法专注地聆听别人的言谈。你还可能很快转向一些毫无成效的行为，比如打断别人或者很快得出结论，然而你应该成为混乱活动中一个安静的小岛。记住，在会议和交谈中要给别人思考和回应的时间，这会带来巨大的益处。对方会感到你在认真听他们说话，你也会感到自己回归到了自然的状态。

面对面。安排一个安静的地方，准备好专注地聆听。设法找到能让对方敞开心扉的环境或活动。抽出时间在一个令人放松的地方见面，你应该表现出你很在意对方说的话。当你想发挥影响或推动改变时，面对面的交流显得尤其重要。在项目一开始这样做会很有帮助，它使得双方在早期就建立起关系。能够良好运作的全球性团队通常会安排团队成员至少每年有一次聚在一起的机会。

你还要记住，生动有趣的交谈不一定需要专门安排议程，它们也可能会是偶然所得。乔布斯经常一时兴起，和重要的伙伴一起散步。《华尔街日报》的记者沃尔特·莫斯伯格（Walter Mossberg）写道，乔布斯在这些非计划性的时间中会展现出他最深邃的思想和最深层的感受。

利用技术来听取多种观点。通过在线会议同时向几十、几百、甚至几千人提出问题，这是聆听各种观点的绝佳机会。听众们立即的回应，无论是口头的形式还是投票的形式，都能让你感知到团队"气氛"，与团队分享他们的担忧与问题。他们的问题可能还具有启发性，能够揭示出发挥影响力的新领域。尽管技术不能使你与人进行面对面的交流，但你可以利用它更好地了解状况，通过互动建立起承诺，由此改善你的影响力。

2. 当一个共鸣板

在那里。让别人说，甚至让他们"发泄"，不要提建议或打断他们。当你这样做的时候，对方会感到被聆听，并且能够理清他们的想法和感受，对问题产生更清晰的认识，由此判断出应该采取什么步骤。你邀请他们进入一种状态，从这里出发，你便可以激发出行动。高管培训师维奈·库马尔在早些时候提出，“许多人坦露出他们的灵魂……我是他们的安全空间，在这里他们感到被理解、被聆听。老实说，除了听和提问题之外，我没做什么。答案通常到时候自己就浮现出来了。”

改述。把你听到的反射回去。一定要用你自己的语言来说，不要鹦鹉学舌。对别人说的话进行总结或者用不同的方式表述，有助于你对信息进行更全面的加工。这还使你能够展示出自己深入的理解和同情。同样重要的是，你会发现自己对信息的理解是否与说话人的所要表达的意图相一致。时而出现的误解常常会改变原义，而在交谈过程中换种说法再说一遍，你可以避免人际间的不和。

专注：倾听时避免分心的小窍门

尽管与外向者相比，倾听对内向者来说是更加自然的做法，但长时间倾听依然很容易让人变得不专注。尝试用以下的小窍门来改善你的专注力：

在倾听时不要做其他事情。尽管在忙碌的街道上一边开车或一边走路，一边接电话，是一种很自然的节省时间的方法。但是这类多任务处理的方式会使你无法真正地倾听。把打电话安排在干扰比较少的时候，这样你才能专注地倾听。另外，绝对不要在公共厕所的小隔间里打电话或接电话。

把令人分心的想法“放到括号里”。在试图倾听其他人说话时，你是否发现自己走神了，开始想工作中没有完成的事情，晚饭打算做什么或者你应该给你妈妈打电话了？这些令人分心的想法使你无法注意到其他人话语中的细微之处。为了改善专注力，你可以想象把这些想法用括号括起来，在你倾听的时候，它们被很好地收藏了起来。它们一直在那里，时间合适的时候，你可以来处理这些想法。

在心里对自己进行采访。如果某人探讨的话题是你不感兴趣的话题，那么在脑子里就这个话题问自己一些问题。这些问题使你能够专注于你正听到的内容，把你想要了解的部分突出出来。

活动身体。让我们向审判谋杀案的法官学习。每隔一小时他会转向陪审团并对他们说：“女士们先生们，请站起来。”他解释说，他需要他们保持敏锐，坐得太久会使陪审团变得迟钝，影响他们的倾听。你也可以通过每20分钟站起来一会儿来改善你的倾听。在接听电话或听报告的录音时，你可以一边听一边四处走动。

增加价值。在安静的倾听之后，你应该推动人们摆脱惰性，开始采取行动。分享脑子里冒出来的点子、联想和对策。内向的沃尔特是一所文理学院的副院长，他发现倾听使学生们认识到他很在乎他们有什么想法和感受。正是在这个基础上，他影响着学生们，尤其是那些问题学生。他解释说那些学生“卸下了带来创伤的负担，我轻轻地引导他们寻求所需的帮助”。例如，一个名叫阿克拉的学生在一学期中缺课超过了10次。通过倾听阿克拉的故事，沃尔特逐渐认识到他患有严重的抑郁症。在谈话结束时，阿克拉已经非常信任沃尔特了，同意遵照他的建议去找咨询师。这是帮助阿克拉逐渐恢复健康的重要一步，是突破性的一步。通过用心聆听，沃尔特与许多学生建立起了信任，他们常常在毕业多年后还与他保持联系。他的老板说这证明了他的影响力。

3. 提问题

事先准备一些问题。手头带着一些问题去聆听。内向者常常会在会议、报告和会谈前准备一些问题。例如，胡安是一位南美洲的工厂经理，他是个内向的人。他从南美洲来到美国，管理一家发展中的化工厂。作为发展的一部分，他会接受360度反馈评估，客户、经理、同侪和直接上级会对他作为领导的优点和不足提出看法。评估结果出来后，胡安要与参与这项调查的一组人会面。在会面之前，胡安列出了一些深思熟虑后想到的问题，以帮助他更好地理解这些反馈。通过提出这些问题并认真地聆听答复，他清楚地了解到了自己需要继续保持什么，应该停止做什么以及应该开始做什么。胡安乐于倾听和有目的的询问使他赢得了团队和上层管理者的好评，并由此获得了影响力。

运用开放式的问题。通过开放式的问题获得更多的洞见。精心设计的开放式问题能够引出更丰富的信息，使你听到对方独特的见解。好的开放式问题常常用“怎么”或“什么”开头。对这些问题的回答能够为你提供发挥影响、推动他人前进所需的信息和更深入的理解。美国疾病控制与预防中心的项目经理简说，为了了解比较内向的团队成员的看法，她会叫他们的名字并提出开放式的问题，比如“汤姆，你对此有什么看法”。通过这种方式，她把团队成员的专业知识进行了共享。

找到新的提问方向。通过提出的问题，你可以影响交谈的轨迹。简还发现，当她仔细倾听并提出恰当的问题时，团队便会开始探索新的方向。有时她会将两个参与者的情况联系起来，目的是通过他们的经验与需要来引导讨论的方向。她会说这样的话：“伯纳德，你的情况和费尔南多的类似。你能不能分享一下你领悟到的经验?”作家索菲亚·登布林说，做记者的时候，她发现采访就是听言语中的含义。不仅要听其他人说了什么，还要听其中引出了什么问题。通过真正的倾听，她会发现非常不同、非常吸引人的旁枝末节。

4. 超越语言

解读非语言的信息。当你聆听的同时，仔细观察说话人。非语言信息，即人们通过眼睛、面部表情和身体传递的信息，这非常重要。高管培训师维奈·库马尔说，“我用整个身体来聆听，不只是用耳朵。我较少听人们说了什么，而会更多地聆听他们的言外之意。不需要刻意的努力，我便能感知到别人的情绪、身体语言、语调和隐藏的倾向性。所有这些汇聚在一起，比人们的言语提供的信息更多。”当你看到或听到所说的话与说话方式之间的不一致时，一定要提出问题，让人们把注意力集中到这种分离上。当运营经理乔希发现谈话者身体语言中令人不舒服的线索时，他会提出这样的问题：“我知道你在努力赶最后期限，但你看起来有些困惑。你遇到了什么问题吗?”这样的问题使你能够进行更深入的探究，对哪里存在阻碍获得更全面的了解。

意识到你自己的聆听状态。除了观察别人的身体语言和眼神之外，你还要留意自己的非语言信号。这些信号汇集在一起，构成了你的聆听状态。如果你表现出在认真倾听，人们便会乐于敞开心扉。施乐公司的安静影响者们让 CEO 乌苏拉·伯恩丝（Ursula Burns）认识到了喜怒不形于色的重要性。她称自己是“首席倾听者”。她知道倾听可以鼓励员工做出创新，表达出他们的看法。

听声音。留意什么情况下说话人的声音变高或变低了，或者在讨论不同的主题时，他们的语速变快或变慢了。通过注意他人的声音，你能够在更深入的层面上理解他们的信息。在富有启发性的著作《丰富的声音》中，芭芭拉·麦卡菲说：“当你学会让你所说的话与你的声音、身体语言保持一致时，你同时也会成为更好的倾听者，能够发现人们的言外之意。”她将这称之为“深层倾听”，是一种“罕见而宝贵的技能……能够使说话者和倾听者发生改变”。

过度的聆听只能扼杀你的影响力

听得太多有时也会扼杀你发挥影响的能力。如果你真正在聆听，那么从定义上看，除了用心听其他人说话之外，你什么也不做，什么也不说。然而有时不听那么多会让你对情境、对人具有更大的影响力。过度聆听对你的影响力会产生四个消极影响：失去可信度，回避冲突，毫无成效的谈话和未被听取的观点。

1. 失去可信度

把提问题作为聆听的一部分当然有助于你获得信息，建立关系。然而在有些组织和文化中，问太多问题会给别人造成这样的印象：你知之甚少或者对自己所知道的事情没有信心。不幸的是，你甚至因此可能会失去分享你的见解的能力。例如，杰米里在工作中总会提出类似这样的问题：“我们应该尝试做……吗?”他很少提出自己的看法或者采取某个立场。不用说，当他对某事有坚定的观点时，大多数人不会予以理会，因为人们已经非常习惯他从来没有主意的特点了。

2. 回避冲突

充满同情地聆听是表现支持的一种好方法。但是太多的同情实际上会妨碍行动，因为它会使人们回避冲突。苏恩·

李（Soon Lee）是一名内向的网络设计师，像许多内向者一样，她会避开冲突。然而在她所从事的行业中，创造力的种子正是在冲突中播撒的。苏恩花了很多时间去理解他人的观点，那意味着她很少表达自己独特的见解，这种犹豫让人们觉得她贡献不了什么想法。在与老板探讨大家对她的表现评价比较低时，苏恩的老板告诉她，不质疑别人，太专注于让别人感到舒服、感到被关注，会使部门无法了解到她的不同见解。为了形成其他解决方案和最好的网页设计，部门需要她的反对意见，需要她与众不同的观点。

3. 毫无成效的谈话

在听与说之间找到平衡是件很棘手的事情，尤其是如果你是宁愿保持沉默的严重内向者。如果你是一个很棒的倾听者，人们会觉得和你聊天很舒服。他们会不停地说啊说，重复谈一些相同的话题，没有任何目的性。然而如果一个人只是不停地谈论问题，而不谈及解决方法，那么问题很难得到解决。作为“首席倾听者”，你需要确保你在倾听的人没有变成“首席发泄者”。如果你不提出问题，从而将谈话引向解决方案，那么你便使他人始终沉溺在问题中。利拉是一位安静的客户服务代表，当她感到是时候让客户停止发泄时，她会陈述一下自己听到的内容，然后提出下一个步骤的建议。

4. 未被听取的观点

为了让其他人信服你提出的观点，你需要像善于倾听一样善于表达。聆听确实是收集意见和需求的好方法，但是你也需要表达你的观点或提议，这样人们才知道如何参与进来。如果你始终保持沉默，那么什么都不会发生。为了激励其他人参与到你的想法、建议或你希望达成的改变中来，首先你应该通过观察形势、提出问题和倾听反馈来征求大家的看法，然后便要采取非常重要的一个步骤：也就是陈述你独特的观点和建议，分享你令人信服的愿景。

|接下来的步骤|

尽管像其他优势一样，聆听也会被过度使用，但它依然是最有价值的安静影响力工具之一。作为一个天生更善于倾听而不是夸夸其谈的内向者，当你将倾听发挥到极致时，你的影响力将得到显著提升。由于聆听能够促进专注的交谈、书写和审慎地使用社交媒体，因此它是增加你安静影响力系数的主要方式。以下是需要记住的5点：

1. 观察身体语言，留意音调，从而理解言外之意；

2. 为了能够更深入的了解你想要影响的情况和人，你应该尽量进行面对面的交流；

3. 给予他人思考和回应的机会；

4. 聆听能够引发移情，建立可信度和承诺，这一切都有助于形成彼此信任的关系，这是发挥影响的必备条件；

5. 除了聆听之外，你还需要表达你的观点或建议，这样人们才知道如何追随你。

接下来，回答以下问题。

1. 用心聆听你的人如何对你产生了影响？这个人运用了什么样的聆听技巧？你怎样能运用类似的聆听技巧来影响其他人？

2. 影响圈中的哪个人是你应该更多地去聆听的人，以使你获得关键的认知或洞察？你是否能够为即将进行的交谈准备三个重要问题？

3. 聆听如何有助于你应对你在第 3 章中确定的挑战？聆听是否能帮助你建立起与相关人员的共情？为了更多地了解情况，你需要听什么？

虽然聆听很重要，但它只是安静影响力工具箱中的一种工具。你需要用它来理解人们的立场，使人们透露出真实的想法，并通过互动和主动的对话来传播你的观点。这意味着我们应该从聆听转向专注的交谈了。

07

专注的交谈让内向者成为健谈者

现在无论我们的故事会怎样结尾，我都知道你重写了我的故事……因为认识了你，我变好了。

史蒂文·施瓦茨（Steven Schwartz），作曲家

哈利·基尔帕特里克（Haley Kilpatrick）住在佐治亚州奥尔巴尼市，是一个内向的15岁孩子。在读初中的时候，她曾感到与别人格格不入，当时很不适应学校的生活，后来她非常想帮助自己的妹妹顺利度过这些她曾经面对过的艰难的日子，减少所遭遇的困境。她的方法是发起了一个指导项目，让那些已经克服了初中阶段的不适应并获得很好发展的

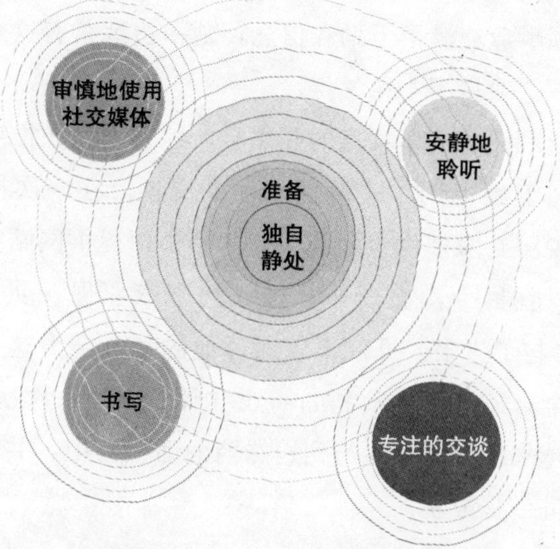

高中生和遇到问题的初中女生结成互助伙伴。

她和妈妈分享了自己的想法，妈妈很支持她，并提出一些建议。之后哈利向她所在学校的校长提出了这个项目。在这个项目中，高中女生每周会与初中女生见面一小时，她们会共同应对初中女生遇到的问题。校长同意了这个项目。在第一次会面时，80%的初中女生都来了，哈利知道她触动了这些女生的心灵："在 2002 年那个秋天，一切都发生了改变……在那一刻，我意识到有如此多的女孩需要支持与引导。"姐妹悄悄话组织就此诞生。

在哈利上高中时，她一直在发展这个组织。在《都市女孩》杂志（*Cosmo Girl*）报道了这个成功的项目后，几百名年轻的女性给哈利写信，希望把这个项目引入她们学校。哈利对这项事业充满了干劲和信念，她一边运营着这个非营利项目，一边取得了本科学位。

当哈利回想这个项目的开端时，她认识到在推广姐妹悄悄话项目上她运用了安静而专注的交谈。在一次推广活动中，她说服一家提供全面服务的营销公司提供网站支持和办公空间。在另一次交谈中，她让慈善家罗恩·贝尔（Ron Bell）参与了进来。贝尔不仅通过他的基金会为这个项目提供了资金，还成为了哈利的商业导师。通过一次次的会谈，哈利让越来越多的人参与到姐妹悄悄话项目中，共同促成了项目的进一步成功。

项目本身也是很成功的，因为它是围绕着一对一和小团体的讨论。这些讨论能够为成员提供丰富的交谈机会。到2012年时，姐妹悄悄话项目活跃在美国43个州，参与的女孩人数超过了40 000人。在参与这个项目的初中女生中，83%的人在进入高中后选择成为姐妹悄悄话项目的领导者。据项目工作人员说，研究发现项目参与者的学业成绩有了明显提高。

哈利很清楚自己的才能："我的优势是项目发展、写作、研究和产品开发。我还发现我的性格中有一点点外向，在推广我们的项目时，我希望自己表现出众。"

哈利运用自己的优势来扩大项目的影响范围，她写作了《戏剧年》（*The Drama Years*）。这本书引用了很多她与其他人的谈话内容。它为引导女孩们走过青春期那片艰险之地提供了建议。哈利预计姐妹悄悄话项目将影响全球数百万初中女生，带给她们有关自尊与自我价值的重要信息。

你如何利用交谈来推动他人前进？对于像哈利·基尔帕特里克这样的内向者来说，影响力来自一对一的专注交谈。一开始哈利和妈妈，和高中校长进行一对一的探讨，这是她实施安静影响力策略的起点。之后她继续依靠一对一的会谈。事实上，在哈利这个例子中，姐妹悄悄话项目的成功以及她所写作的书的成功都离不开专注的、小团体的交谈。正如金宝汤公司前总裁兼 CEO 道格拉斯·康纳特所说，“行动就在互动中。”通过专注的交谈进行的人际间互动正是许多影响能够发挥作用的地方。这些机会使你能够理解他人的观点并表达你自己的看法，这样你便能以深远而持久的方式对他人、对情形发挥影响。

如果你特别内向，那么可能一直畏惧发起或参与更多交谈。但坚持下去，因为这是很值得的。专注的交谈与闲聊不同。专注的交谈有特定的主题，在交谈中你会用心聆听并有目的地表达自己的见解。由于你在静处的时间、准备、聆听，或者在书写和审慎地使用社交媒体上下了功夫，因此你已经把自己变成了能力出众的健谈者。每一个安静影响力优势都有助于你与他人的情感连接。这些安静影响力优势能够培养你的活力与信心，能够让你聆听他人的建议，并与他人分享你的观点。情感连接能够促进有效的交谈，从而巩固那些有助于发挥影响力的人际关系。另外，通过交谈，你常常会获得洞见，然后反馈到准备阶段或者扩展到书写和审慎地使用社交媒体的优势中。总之，专注的交谈代表了所有优势的汇聚点，因此它常常是安静影响力的重要一环。

专注的交谈是给予而非索取

在发挥影响的过程中，安静影响者运用专注的交谈来进行给予，而不是索取，就像运用其他优势时一样。把专注的交谈放在核心且重要的位置上，能够提高你的安静影响力系数以及你发挥影响的能力。这些互动使你有机会为他人提供支持与鼓励，激发学习，推动问题和冲突的解决。

1. 提供支持与鼓励

黛尔考入了加拿大多伦多的一所艺术学校，打算成为一名图形设计师。她的同学个个才华横溢，班级中竞争很激烈。这使她开始怀疑自己是否应该选择这个行业，对职业道路开始感到不确定。在一次展览中，她的作品也被展出了。黛尔鼓足勇气走到当地一位非常成功、非常杰出的设计师约瑟身边。黛尔请他看一看自己的作品，并提出中肯的意见。约瑟看了一会儿，然后把黛尔叫到一边。他告诉黛尔，她非常有才华并告诉她如何能将她的技艺提高一个层次。黛尔回忆道："他鼓励我不要放弃自己的梦想。"她听从了约瑟的建议，通过坚持不懈的努力，她的事业蒸蒸日上。即使在 10

年后，黛尔依然认为这次谈话特别重要。“要不是那次交谈，我可能已经放弃了。他的话对我的决定产生了很大影响，使我能够继续坚持从事艺术行业。”

许多人也有类似的故事，在与老师、老板、父母、叔叔、朋友，甚至与陌生人的交谈中，他们获得了莫大的鼓励。这种个人化的鼓励具有深入而持久的影响，会影响到人生的方向。它常常是激发新的思维方式的催化剂，并能鼓励别人采取行动。

2. 激发学习

通过专注的交谈获得多种多样的观点也有助于你产生新想法，明晰自己的立场。通过交换各自的看法，你会收集到对准备和书写更有帮助的信息与洞见。从交谈中获得的学习与纯粹的学习不同：除了吸收其他人的观点和信息之外，你还可以检验和发展这些观点与信息。作家克里夫·坤恩（Cliff Kuong）建议道：“有一个富有创造力的人在身边非常重要，因为即便饮水机边的闲聊和交流都能带给你很多点子。”

安静的影响者还利用专注的交谈来帮助其他人学习。帕特里克是核电站的生产经理，他每个月会组织各个部门选出的工人开一次会。这些会议提供了人们表达担忧、提出问题、学习新的管理倡议的机会。在专注的交谈中，工人们分享新洞见，最终这会有助于部门进行更高效的合作。

安静的影响者还会设计更加正式的过程，以通过交谈促进学习。山姆是 IT 行业一位受人尊敬的经理，为了跟上行业的最新变化，他创建了一种基于专注交谈的创新学习模式。他称之为“教我一些我不知道的事情”，而且这种模式变得非常成功。每次 IT 创新学习中包含 15 分钟的报告，报告内容为新技术、新观点和新问题。他们从很多角度来探讨这些主题，山姆和他的员工都认为这种相互学习的生动课程让他们受益无穷。在 IT 这个发展迅速的行业中，这种方式让他们保持敏锐，让山姆总能获得最新的信息。

有时这种学习是至关重要的。我们在第 6 章开篇故事中认识的护士伊莉莎，运用直接而专注的交谈帮助重病儿的父母认识到错过预约会有什么严重后果。一些父母坚信自己的孩子很强壮，抗拒对他们的孩子进行治疗。他们不带孩子来化疗，而即使只是拖延一周，也会导致孩子病情复发。在专注的交谈中，伊莉莎倾听父母们的观点和担忧。然后她会坦诚地告诉这些父母，他们的行为可能会导致孩子的死亡。她会直接而坚决地表达错过治疗或用药的可怕后果。在很多情况下，通过这种探讨，她会对父母们产生影响，使他们做出正确的决定，遵从医生的治疗方案。

3. 解决问题

作家索菲亚·登布林说：“我非常喜欢进行长时间、深入的、分析性的内省式交谈。我很喜欢与我的一位女性朋友聊天。每次无论我们在哪儿，即使到了说再见的时候，我们依然会坐在停车场里聊一个小时。一次我们俩一起外出了一周，到周末结束时，我绝不是在开玩笑，我们说话说得下巴都疼了!”

经过思考性的交谈使你能够从很多不同的角度来探究问题。无论是从交谈中所获得的观点，还是听取他人建议的机会，都能让解决方案变得更加明确。这些解决方案往往能开拓出发挥影响的机会，因为它们呈现出与现状不同的其他选择，并激发出接下来的正确行动。

以我们在第 5 章开篇认识的安静影响者杰克为例。他给我们叙述了这样一个故事：“上周我大致构想出一个基于头脑风暴的员工计划，然后把它发给了一位同事，征求她的反馈。之后我们讨论了这个计划。我针对她的观点提了一些问题，不只是问她是否同意我的计划或者她对这个计划怎么看。我问她对这个即将达成的决定是否有信心，以及她是否觉得我们的决定会影响她的其他工作。她给予了我明确的答复。通过这次交谈，杰克和他的同事解决了如何推进计划的问题，由此杰克便能够对接下来的步骤发挥巨大的影响。

4. 解决冲突

安静的影响者具有进行深入交谈的天生倾向，他们利用这种倾向来管理人际间的冲突。他们有意识地进行这类互动，推动事情的发展。一家非营利组织的经理芭芭拉·艾伦（Barbara McFadden Allen）对她有效解决冲突的方法是这样描述的，“在集体会议之后，我通常会给主要决策者打一个后续跟进电话，且最好是去他们的办公室一趟。我发现在这种情况下，我的思路会清晰，我的说服会更有效，发挥影响的机会会更大。这些人的立场和观点往往会和开会时他们所表达的立场和观点不同。”

专注的交谈对解决电子邮件引发的冲突特别有帮助。中学校长马特·安德伍德（Matt Underwood）将这种情况称为“以电子邮件为中心”。为了在应该如何对待电子邮件的态度上做出表率，马特一直把电子邮件作为传递基本信息的工具，而不用它来表达自己的观点，尤其当涉及敏感问题时。当存在悬而未决的问题时，他选择当面交谈。“身体上的靠近能够带来很多收获，这是键盘和显示器所不能实现的。”芭芭拉·戴维斯是马特的学生家长，她证实了这种专注交谈的影响力。“我从来不觉得他很疏远。有些人你跟他们说话时会觉得枯燥乏味……但跟马特说话时我从来都没有这种感觉。即使是通过邮件，他也会让我觉得，作为一名家长，我的顾虑是很重要的。”

如何运用专注的交谈来发挥影响力

安静的影响者会通过设置交谈的时间与空间来充分利用专注的交谈，从而加强他们的论据，做到既真诚又灵活。有些安静的影响者在正式的、有计划的交谈中会表现非常突出。而有些人在不太正式的环境中会更舒服。有些人一定要面对面沟通，而有些人觉得电话沟通一样很有效。很多人喜欢一对一的或者小团体的讨论，不喜欢大聚会。运用以下的小窍门，能够提升你的安静影响力系数，从交谈中取得最大收获，无论是什么样的交谈，无论交谈发生在什么地方。

1. 设置交谈的时间与空间

利用你的空间。如果你选择在你工作的地方进行交谈，那么应该对它进行设计和利用以改善交谈。让你的空间保持整洁，有吸引力。如果你办公的地方只有一把椅子，那么你可能会失去进行重要交谈的机会，因为你并没有邀请别人坐下来和你聊一聊的意思。如果你在嘈杂、开放式的环境中办公，那么像大多数内向者一样，你会觉得很难把注意力集中在对方说的话上。应该建议转移到会议室里进行交谈，或者到外面边走边谈。如果你事先知道要和人进行专注的交谈，那么应该预定一间会议室。

抽时间见面谈。为了建立关系，影响他人，亚特兰大儿童保健医院的护士长乔伊斯会特别注意安排和护士面对面交流的时间。"我会尽量回想这个人的情况，然后根据对他的记忆开始交谈，或者我会问一问有关某个病人或一般护理方面的问题。"

约翰·梅达（John Maeda）是罗德岛设计学校的校长，他是个内向的人。他认识到每天只发几篇微博以及只通过网络方式进行沟通的领导是有问题的。因此他从电脑旁走开，花时间与工作人员会面，彻底改观了教职工对他的信任状况（曾经有80%的教职工对他投了不信任票）。《快速公司》杂志（*Fast Company*）报道称："他接受了同伴约翰·杰伊的建议。杰伊是韦柯广告公司（Wieden＋Kennedy）的创意总监。在梅达办公室的墙上，贴着杰伊给年轻设计师的 10 条经验。第 2 条是，生活是发自内心的。离开电脑，去和真实的人交往。”

收获意外的好运。四处走一走，可能会产生灵感。好主意可能会出现在不经意的交谈中。随意的交谈有可能带来富有创意的突破和冲突的解决，因此像约翰·梅达领悟到的一样，不要总躲在你的办公室里。工程师西拉·艾布拉姆斯（Selah Abrams）与我们分享了偶然会面的作用：“我们家来自新奥尔良，我们喜欢观察人，向他们学习。你可以像阅读一本好书一样阅人。如果你与他们进行深入的交谈，你甚至能够学到更多……”

当不可能见面时

很可能你的同事在千里之遥的地方工作。面对面的交谈有时是不可能实现的。越来越多的工作正通过电话会议或视频会议来完成。不过，在这些交谈中你依然可以做得很出色，并将它们融入到你发挥影响的方法中。运用以下的小窍门来充分利用“虚拟”会面。

1. 熟悉技术。不要因为技术设备出故障导致你失去发挥影响力的机会。在会议前解决好技术方面的问题。

2. 对时区的差异保持敏感。如果你负责召集一次虚拟会议，那么不要把时间定得太早或太晚。否则与会者可能会很疲劳或者很匆忙，无法让会议达到最佳效果。

3. 为集思广益准备问题。虚拟交谈比面对面的交谈需要更多的引导。准备一些开放式的问题，这样你便能听到每位与会者的见解。好问题能够让交谈变得富有启发性。

4. 利用视频。尽管不是面对面，但视频技术能够让你看到与会者的表情。你可以由此获得一些传递基本信息的线索，形成有效的人际交谈。

5. 利用聊天和投票。聊天和投票可以邀请人们参与进来，由此会产生意见交换。另外，这些做法会让人们保持状态的投入和警觉。

6. 发挥团队作用。通过将技术问题委派给别人来降低你的压力，提高你参与谈话的能力，就像你可以让其他人来协助现场会议一样。

2. 加强你的论据

不急于发言。花时间聆听，观察正在发生的事情，这样做能够让你的意见更掷地有声。设法成为互动中活跃的角色。内向的注册护士韦斯利·霍普金斯（Wesley Hopkins）管理着心血管病房。他解释说，“在能够进行随意的交谈之前，我需要花一些时间来热身。不过这些额外的时间帮助我成为了更耐心的观察者，而不会草率得出错误的结论。”罗尼·威尔金斯（Ronnie Wilkins）是一家非营利机构的高管。在团队环境中，他会有意识地克制自己，尽量不发言或者不主导讨论。在最初的沉默后，如果他觉得团队遗漏了某些要点，他会进行补充。当他这样做的时候，其他人很可能会仔细倾听，因为他还不曾发过言。内向的营销经理维多利亚采用的也是类似的方法。她把自己想象成巨大的蓝色苍鹭，当她有重要的话要说，要对不停嘎嘎叫的鹅提出反对意见时，她便会猛扑下来。

运用重复。为了让他人牢牢记住某个信息，你可能需要重复很多次。我们在第2章中介绍的银行专业人士乔迪·沃茨说："重复作为一种影响力来源，具有非常关键的作用……如果我有2～3个重要的想法或概念，我会不断在交谈中提到它们，直到我觉得它们已经深入人心了。"

传播你的论点。当你在准备阶段形成了自己的论点后，你可以利用专注的交谈来征求别人的意见。金融专业人士克里斯汀说，她会逐个征求经理们的看法。她回忆道："经过深思熟虑后，我产生了一个很有说服力的论点。我和一些同事进行一对一的探讨，得到个人的支持比在整个团队中一次性进行讨论更有效。"

3. 既真诚又灵活

讲故事。准备一些故事和例子，让交谈变得更生动，让与你交谈的人保持专注。吸引人的故事能够增强你的论据的影响力，因为你分享的故事能够让人们更了解你，就像它们也能使人们更了解相关的主题一样。哈利·基尔帕特里克讲过一个她在姐妹悄悄话夏令营上看到的故事。"一个拘谨的小女孩坐在餐桌旁吃午餐，我看到三个女孩向她做了自我介绍，然后坐在她旁边。到那一周的周末时，这个腼腆的小女孩已经能融入到有趣的活动中了，她唱歌、跳舞，可以坦率地谈论自己的经历了。作为回馈，她现在当上了咨询师。仅仅在一周时间里，姐妹悄悄话项目就帮助她建立了自信，让她知道应该做自己，她是完美的。见证这一切让我感觉非常棒。”当哈利在交谈中加入这类故事时，她便以发自内心的方式证明了这个项目的影响力。

与他人协调一致，确定该在什么时候说话。通过观察对方的身体语言，聆听他们的言语，体察他们的“氛围”，确定他们是否想交流。如果你强迫一个不想交谈的人进行交谈，那么你绝不会是一个有效的影响者。詹森是一位内向的律师，他能领悟到别人的心境，这对他管理这个 18 人的部门非常有帮助。运用这种洞察力，他知道什么时候应该交谈，什么时候不适合。如果你想和他人进行交谈，你应该放低或提高你的声音，以配合他人的心理状态，让他们知道你在让自己与他们合拍。

用同样的方法调整你与素不相识者的交谈。作家兼“激发兴趣的专家”山姆·霍恩（Sam Horn）发展了一套特别有效的观察方法，用来评估你的观点或评论是否被对方所接受。她称之为“眉毛测试”。山姆说：“向其他人解释你的观点、提议或要求……使用你在开会时也会使用的相同的 60 秒钟开场白。然后观察对方的眉毛。如果他的眉毛拧成个结或者皱着眉头，那说明他很困惑，他没有听明白。然而即使他没听明白，你也不会知道。为什么？因为困惑的人不会寻求说明或澄清，他们只是会反对你的观点。你希望他们的眉毛扬起来，因为那意味着他们很感兴趣，想了解更多内容，这说明你的观点或要求已经迈过了他们的心理之门。如果你提出的见解让他们眉毛上扬，这对你很有利，因为那意味着'游戏开始了'。如果你提出的见解没有让他们眉毛上扬，那么就重新开始吧。”

提供有关你自己的信息。分享有关你自己的信息，这样其他人能够更好地了解你。尽管谈论自己可能令人不舒服，但这样做是值得的，因为你更有可能建立起对发挥影响至关重要的人际联系。一对一或小团体的交流环境会为这种分享提供安全的背景，因为你很珍视隐私。记住，不是所有人都能够理解你对这种分享的犹豫和迟疑，你可以主动告诉别人你为什么并不会总是敞开心扉。例如，发起姐妹悄悄话项目的哈利·基尔帕特里克向她的工作人员坦率地解释了自己的内向性格。“我意识到很重要的一点是，应该告诉身边的工作人员我很内向，并让他们了解内向者的行为方式是怎样的。这有助于他们更好地理解我恢复精力的方式，也有助于我平衡与人交往的时间数量。”

AEIOU：不只是一组元音

AEIOU 沟通工具对保证重要沟通的效果很有帮助，它就像字母表一样容易记忆。这个模型不仅有助于沟通，使对方理解你的观点，而且有助于促进你们的合作，实现共赢。你应该在讨论前使用它，这样对方能够明白你在说什么，而且对话最终会形成未来的具体行动，它将是推动他人前进的第一步。AEIOU 这个首字母缩写有助于你记住这些步骤：

感谢（Acknowledge）对方积极的态度；

表达（Express）你的想法与感受；

确定（Identify）你的建议；

概述（Outline）结果的诸多益处；

互相理解（Understand）并核查。

假设你想影响另一部门的同事，希望他在一个重要的项目上推进得更快些，比如一个新网站，内容来自他的团队。以下就是你如何运用 AEIOU 推进行动的方式。

感谢："我知道我们都希望这个网站取得成功。"

表达："我知道朱庇特项目已经临近最后期限，你们都很忙，但我担心你们部门错过了完成网站内容的最后期限。这会让我们影响共同达成的发布日期，推迟营销计划。"

确定："为了收集数据，我建议我们的实习生用一系列结构化的问题对你的管理团队进行访谈。"

结果："我认为可以将你和你的团队在访谈中提供的内容加以改造，用于完善网站，这样我们便能按期发布。"

理解："我的理解是我们同意从下周开始进行这些访谈。谢谢你的合作。"

过度的交谈只能令内向者精疲力竭

很难想象有意义的交谈怎么会对你的影响力产生消极影响，但是如果你问一问内向者，大多数内向者会告诉你，过多的这类沟通会令人精疲力竭。过多专注的交谈会导致侵入隐私、产生令人困惑的问题、陷入群体思维以及言语表达的局限。

1. 侵入隐私

有时交谈中需要分享私密的或个人的信息，但这尤其会让内向者感到苦恼。你不希望被别人驱使着这样做，因此你会小心不让自己陷入这种境地。同时如果人们觉得你在情感或身体上变得太强大，他们便不会听你的。在交谈中，人们会发现当对方咄咄逼人地靠近内向者时，内向者会向后退。与之类似，连续不断的问题，即使是出于好意的问题，也会使对话不欢而散。许多内向者对一连串的提问会做出这样的回答："我觉得自己好像站在证人席上，真希望讯问赶紧结束。"

如何发起交谈

如果你像大多数内向者一样，那么专注的交谈对你来说最困难的部分就是发起交谈。如果你是会议的主持者，或者你事先规划了交谈的主题，那么这会容易一些。在这种情况下，你可以直接跳入准备好的议程。但是如果交谈是非正式的，那该怎么办？你该如何开始交谈，从而避免谈话变成你讨厌的那种闲聊？因为这对实现你的目标毫无帮助。答案是带着言之有物的问题开始交谈，比如：

在内部活动中发起交谈的问题

最近你在忙什么项目？

你目前的工作中最有趣的方面是什么？

目前你的领域中正发生着什么改变？进展如何？

从工作中你学到了什么？

是什么促使你进入这家公司？

在外部活动中，例如在会议中，发起交谈的问题

你为什么想来参加这次会议？

你对发言者有什么了解？

你对会议的什么方面感兴趣？

到目前为止你听到的最好的新观点是什么？

2. 令人困惑的问题

在专注的交谈中探讨可能的解决方案一定会带来更具影响力的结果。但是你还要注意到从外部进行观察，查看其他重要的输入信息和数据，这也是很重要的。你不应该有所偏废，这个问题的解答在于不要总是依赖互动，有时互动会让情况变得复杂，对解决问题于事无补。

让我们来看一看下面的例子。在这个例子中，酒店的工作人员本应该采取调查研究，而不是试图通过交谈来解决问题。尼基尔经常出差，一次当他常住的酒店的电梯停运了，他别无选择，只能走下 20 层楼。当时他要去赴约，时间比较紧，电梯停运给他造成了压力和不快。第二天在结账离开时，尼基尔提出应该给他减些费用，作为对他的补偿。前台的工作人员前一天没有当班，因此他向尼基尔提了很多问题，而不是对情况进行调查。尼基尔觉得自己受到了讯问，而不认为工作人员在试图解决问题。最后他决定再也不来这家酒店了，虽然它的位置对尼基尔来说很方便。

3. 群体思维

团队一起解决问题可能会令人沮丧，尤其是当好心的同事们经过头脑风暴后，提出各种选择时。组织常常用头脑风暴的方法来产生许多点子。然而如果组织得不好，头脑风暴会被说话人支配，成为了他们推销自己想法的机会。内向者对发言很谨慎，或者需要时间发掘他们的想法。结果声音最大的人的观点取得了人为的重要地位，其他人被引导着附和这个观点，没有人去注意其他观点。这样得到的解决方案是不平衡的，它并没有反映出房间里所有人的看法。由于这种任何人都可以参与的头脑风暴如今变得非常普遍，因此这种趋势被称为群体思维的盛行。如果你没有发言，那么你就失去了发挥影响的机会。你最好引导团队避免头脑风暴式的“交谈”，而是要采取更平衡的方法来达成解决方案。

4. 言语的局限

有时言语会辜负你的期望，因此最好把你的嘴巴闭紧。在其他章节中我们已经看到了沉默的力量，看到了在说话前我们应该把想法写出来。在努力解决冲突的时候，过多的讨论或重复的解释可能会产生与预期相反的作用，导致双方没完没了地争论。人们需要时间来接受令人不愉快的消息，也需要时间一个人待着，以消化之前进行的艰难探讨。如果在这些时候进行太多交谈，只会让冲突愈演愈烈。

麦基是医院的社工，她负责协调为老年人提供的服务。一天，一位病人的女儿怒气冲冲地给她打电话。这位女儿指责麦基未征得她的同意便给她妈妈安排了康复治疗。事实上，麦基曾无数次试着联系这位女儿，但都没有接到回复电话，于是她和这位女儿的妈妈一起做出了决定。麦基知道这位女士咄咄逼人的行为很可能是出于担心，因此她做出的任何回应都只会加剧紧张关系。于是她明智地闭紧嘴巴，避免给已经很紧张的局面煽风点火。当这位女儿平静下来时，她便能好好计划接下来应该采取什么步骤了。

|接下来的步骤|

专注的交谈，尤其是面对面的交谈，代表了安静影响力的汇聚点。它们来自你从静处的时间中获得的精力，对你的准备有所帮助，给予你无与伦比的聆听机会，为书写和审慎地使用社交媒体提供信息。另外，专注的交谈对内向者和外向者都适用。当你和外向者交谈时，你便给予了他们发出声音的思考的机会。作为内向者，你会很珍视这种更深层的交往。可以肯定的是，这种交谈策略有助于提高你的影响力，提高你挑战现状，帮助他人前进的能力。

为了磨练你的能力，充分利用专注交谈的优势，你应该从思考本章的5个要点开始。

1. 影响力常常以专注的交谈形式出现，而且通常是一对一的交谈。

2. 为了使交谈更有成效，应该事先准备一些问题。

3. 在工作场所中设法获得偶然相遇的机会。

4. 在仔细聆听之后，像蓝色苍鹭一样俯冲而下，提出一个问题或评论，引起大家的注意。

5. 交谈可能会令人精疲力竭。当觉得自己的精力被耗尽时，你应该休息一下。

接下来，结束交谈并思考以下问题。

1. 反思你与经理或与同事的专注的交谈。这次交谈如何帮助你们将注意力集中到解决方案上？从这次经历中你学到了哪些可以运用在其他专注交谈中的经验？

2. 你可以用专注的交谈（当面的交谈或电话交谈）来替代什么类型的电子邮件？如果这样做，你将如何发起交谈，你会提出什么问题？

3. 在以后的交谈中你可以向他人学习什么？想一想可以用来分享的故事或轶事，这些故事或轶事能够说明与你的挑战相关的核心观点。你如何把它们融入到你的下一次交谈中、并观察它们的效果？

如果有关聆听和专注交谈的章节已经把你推出了办公室，推出了你的舒适区，那么不要气馁。练习会让事情变得容易起来。是的，尽管很多影响发生在与其他人在一起的时候，但很多想法是通过书写产生的。我们接下来要探讨的安静影响力的优势便是书写。

08

内向者表达自我的利器：书写

对我来说，书写就是在用手指进行思考。

艾萨克·阿西莫夫（Isaac Asimov），作家

海伦·索普（Helen Thorpe）是科罗拉多州州长约翰·希肯卢珀（John Hickenlooper）的夫人。海伦是个内向的人，她不喜欢以政治人物的妻子的身份抛头露面。不过作为一名很有成就的记者，她很少回避敏感的政治问题和复杂的社会问题。她的第一本非虚构类作品《像我们一样》（*Just Like Us*）是一篇非常引人入胜的新闻报道，获得了评论界的交口称赞。

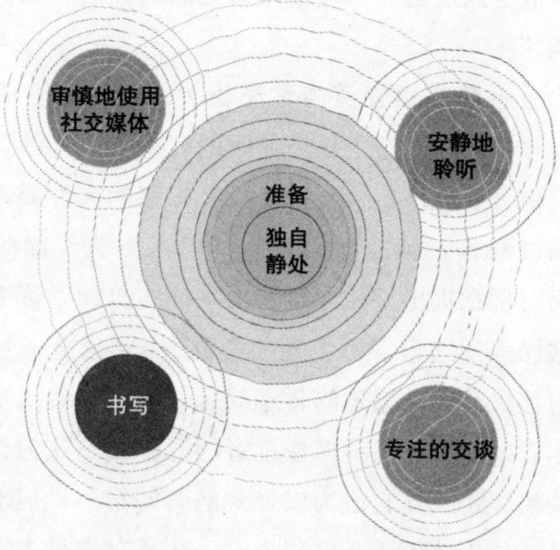

在为这本书做准备的过程中，索普用了 5 年的时间来追踪 4 个处在青春期的墨西哥女孩的成长经历，从她们上高中持续到她们进入丹佛市的一所大学。其中两个女孩来自合法居留美国的家庭，另外两个女孩的家庭是非法移民。索普带着读者一起经历这些女孩人生的曲曲折折。通过她们个人的人生戏剧，索普深刻探讨了移民问题。

“这不是一本政治书，”索普解释道，“通过阅读人们的故事，你可以理解政治上的争论。你会真正明白合法或非法的含义。”在谈这本书时，索普描述了一个名叫玛丽塞拉的女孩。“她的口才非常好，谈了很多她父母和她自己的情况。没有一种情况是很可以轻松应对的。她努力地解释为什么她的状态非常令人痛苦……我很同情她们的经历。她们不可能拿到绿卡。”

海伦·索普当然知道与移民相关的问题没有简单的答案。通过写作，她对这个复杂的问题有了更深入的理解。这个问题中包含着经济、社会公平以及深层的人性要素。索普知道，通过写作，她能够激发新的思考方式，加深公共意识，从而对现状提出挑战。她的文字确实打动了读者。一位书评人这样来描述索普所引发的影响力：“索普通过这本书提出了与移民有关的紧迫的哲学问题，激发读者决定自己的立场。作者的文字紧紧地抓住读者的心。我不认为作者写作这本书的初衷是想让它成为倡导式的新闻报道，但事实证明它确实是。你无法不关心这些人，无法反对充满人性且进步的移民改革。”

你是否能通过书写来连接他人，挑战现状？你是否试图运用书面文字来鼓舞其他人？海伦·索普的写作将读者与她所描述的人物连接起来，达到了重要而具有启发性的目的。这种连接扩展了读者的视野，激发了他们的同情，使他们加入到对这个问题的全国性讨论中来。这种参与性讨论的形成便是索普所产生的影响。

像海伦·索普这样的作家对传统智慧提出了挑战，推动改变并促使他人采取行动。由于内向者更喜欢写，而不是说，因此他们常常把书写作为一种发挥影响的有力方式。在工作中，他们选择发电子邮件，而不是打电话；他们可能更喜欢写报告，而不是作报告。书写为他们提供了加工和思考的时间。他们独自坐着，这是他们的舒适区，让他们感到很放松，他们可以独自进行思考或写作。这是安静影响者构建信心的基地，通过书写他们还能构建出深层的人际联系。书写的过程能够产生深入的思考与真实性，使它们跃然纸上，对其他人产生深远的影响。

无论是沟通棘手的观点，概括论据，引发同情，还是分享强烈的情感，书面文字都是一种有力的表达方式。如今的书面文字比以前更短、更明确、更一针见血了，读者们可以真正地理解文字所要表达的意图。在交往中，文字可以成为对话的一部分，它们是考虑更周详的回应。

书写这种安静影响力优势能够将你头脑中的信息传递到外部世界，使它们真正产生影响。安静的影响者在开始书写之前，往往会先获得静处的时间并进行准备，因此他们通常会提出能够被他人接受的论点及立场。当书写与聆听、专注的交谈、审慎地使用社交媒体相结合时，它便能提高你的影响力。正如你们将在本章中看到的，通过书写的方式被很好地表达出来的思想甚至能改变生活。

如果你的安静影响力系数比你希望的低，尤其是如果你不擅长运用聆听、专注的交谈和审慎地使用社交媒体这些优势来表达你的观点，那么可以考虑发展你的写作能力。书写能够为审慎地使用社交媒体提供材料。书写和审慎地使用社交媒体依赖于相同的基础，即运用文字发挥影响。从这里出发，你能够发展出强大的影响力。

将书写当作发挥影响力的有力方式

书写对提高你的影响力的帮助体现在 4 个方面：明晰你自己的立场，倡导你的观点，与他人交往，激励他人采取行动。

1. 明晰你自己的立场

只有当你意识到自己在某个问题上的立场后，你才能明确而有目的地发挥影响力。正如任何记日记的人都知道的，书写能够帮助你搞清楚什么对你非常重要，你对情况有什么想法和感受。当在纸上或电脑上进行写作时，文字就那样流淌出来，好像它们在书写着自己。通过书写，你还能更好地理解并释放强烈的情绪，比如愤怒和怨恨，这些情绪会妨碍你进行清醒的思考。通过书写，你可以将强烈的情绪与逻辑性、清晰性融合在一起，形成一个很好的论据。

自由写作指的是在设定的时间里，不经过滤的写作练习。作家马克·利维（Mark Levy）的书《意外的天才》（*Accidental Genius*）专门探讨了这种方法，认为自由写作是一种获得突破的策略。他建议道："自由写作使你能够更坦诚、更机智地进行思考。由此你能产生通过其他方法无法产生的突破性的观念和解决方案……它促使大脑进行更长时间、更努力、更深入、更加不循规蹈矩的思考。"

书写还让你有机会对自己的计划进行周详的考虑和改进。作家兼写作指导者杰西卡·汉德勒（Jessica Handler）建议人们在写工作信函前先进行自由写作。在开始写之前，你应该问自己："你希望这封电子邮件达到什么目的？你想和那个人成为朋友吗，你想让他们平静下来吗，你想让他们参与某个项目吗，为什么？"

2. 通过书写倡导观点，让观点更具说服力

安静的影响者一旦通过书写练习了解了他们对问题的看法，他们便能够运用书面文字向其他人推销他们的观点。他们往往觉得用文字来倡导他们的建议比当面说出来更让他们感到舒服。另外，他们的文字通常很有说服力。他们清晰的文字帮助人们走出困惑，对情况获得更全面的理解。内向的罗尼·威尔金斯（Ronnie Wilkins）是一家非营利机构的经理，他认为他清晰而富有逻辑的文字比他说服性的言语更有效。例如，有关未来会议地点的调查显示，组织的会员并没有理解他之前口头表述的基本原理。于是罗尼决定在组织的通讯中写一篇文章。在文章中，他可以清楚地表述出很有说服力的论据。之后，会员们告诉他，他们对这个问题有了更好的理解，对他提出的基本原理感到很满意。从那之后，会议组织团队总是能很快地完成会议地点的决策。

保险销售公司的最佳销售员阿什利使用文字，巧妙地宣传了公司是业内领军企业的地位。她通过书面文字分享重要的市场趋势，这些趋势可能会在未来给她的客户造成问题。

阿什利相信公司强劲的销售势头很大程度上要归功于这些不断被提供的书面报告。通过这些报告，她使客户感到他们的合作伙伴是消息最灵通的公司。阿什利提供的信息有助于他们降低风险，对于保险企业来说，这是非常重要的成功因素。这种方法促成了很多销售业务。阿什利说："这是一场马拉松，不是百米冲刺，因此我们要建立起客户对我们前景的信心……这些报告为我们带来了销售。"

3. 与他人交往

安静的影响者知道，影响作用并不会凭空产生。尽管独处的安静的时间对发挥影响来说是很好的准备，但发挥影响通常与鼓励他人采取不同的思维方式或行为方式有关。因此，人际交往是发挥影响的核心，如果你不以某种方式与他人发生联系，那么你就不可能影响他们。

书写是一种很有吸引力、很有影响力的与人交往的方式，无论是一对一的交往，还是在群体中的交往。为了解决冲突或向很多人传递信息，内向者常常觉得写比当面说更让他们感到舒服自在。作家索菲亚·登布林回忆说，当她与朋友之间出现问题时，她会给朋友写封信，而不是跟对方聊自己的感受。通过书写，她能够充分地表达自己的情感与想法。她的坦率促使她和朋友能够顺利沟通应该做些什么来解决她们之间的问题。

就像过去的笔友一样，如今的人们通过写电子邮件或登录社交媒体网站来建立并保持人际关系。在你清楚地表达了你的想法和感受之后，你的读者会仔细地思考你所写的文字，并与你建立起联系，而这种联系是通过一般的交谈所无法获得的。

文字能够掀起狂澜

“今天是我在高盛的最后一天。我在公司工作了12年，最初是在斯坦福做暑期实习生，后来在纽约工作了10年，现在在伦敦。我相信这么长的工作时间足以让我理解它的文化、它的人以及它特别的发展轨迹。我可以非常诚恳地说，目前的公司环境是有害的、有破坏力的，之前我也曾看到过这种情况……”

“我希望这能引起董事会的警醒，再一次把客户作为业务的重点。没有客户你们就赚不到钱。事实上，你们就不会存在。铲除道德败坏的人，无论他们为公司挣了多少钱。再一次让企业文化走上正轨，这样人们会出于正当的原因而希望在这里工作。一心只想着赚钱的人在公司里待不长，客户对他们的信任也不会长久。”

主要报纸的社论版刊登了格雷格·史密斯（Greg Smith）的这篇离职感言。他辞去了高盛常务董事一职，也辞去了高盛的美国股权衍生工具业务在欧洲、中东和非洲的负责人职务。他发表的辞职声明在公司及媒体中激起了轩然大波。

> 尽管你可能不赞同史密斯所采取的方式，但你无法否认这份辞呈对现状提出了挑战。对于这封信是否会带来改变，我们还需要拭目以待。它当然吸引了很多人的关注，也引发了公司及成千上万读者的回应。另外，这份只有1270字的辞呈成为了无数人的谈资，也成为网上热议的话题。
>
> 格雷格·史密斯还在继续写，继续发挥影响。在他发表辞职声明后不久，便签署了150万美元预付款的图书出版协议。

高管培训师维奈·库马尔相信，他的培训师职业便源于他为职业论坛所写的文字。人们读到他的观点，觉得他的专业知识很有价值。于是他被邀请进入委员会，写文章并在专业会议发表演讲。“如果我不得不四处奔波或者不得不打电话建立联系，我可能就不会从事这个职业了。我觉得那样做太累人了。”然而通过写作，维奈与人进行了交往，获得了推荐，并鼓励了企业家、教练和销售人员。不断有人对他的文字做出反馈，他通过写作改变了这些人的生活。

4. 激励他人采取行动

文字能激励他人采取行动，甚至很少的文字便能产生这样的作用。我们在第4章中介绍过的行政专员朱莉制作了一些有关盲点安全项目的海报，并张贴在工作空间周围。“我的海报和演讲中蕴含着强烈的情感意味，”她说。朱莉会提出这样的问题："最近你查看你的盲点了吗？"文字上面的图片显示的是一个年幼的孩子站在汽车后面。朱莉说："父母会被海报吸引，想要了解更多内容。"很多人按照朱莉的建议，在家用孩子和宠物测试了盲点。他们会把倒车实验的情况告诉邻居、朋友、家人和同事。朱莉在海报上印制了会出现的问题以及事先可以采取的步骤，使人们很容易明白如何可以避免事故。

运营经理乔希会发出积极的电子邮件以鼓励别人。其他安静的影响者，比如道格拉斯·康纳特给他人寄送手写的字条。这种关注是令人感动的，人们常常会把这些打动人心的象征物保存很多年。书面的文字给人很正式的感觉。一些邮件接收人对乔希说，看一看这些鼓舞信心的邮件能够帮助他们度过工作中最困难的日子。书面文字的持久性意味着这些引起回忆的东西能够一次次在不同情形下激励人们采取行动。

如何通过写来发挥影响力

通过了解并适应读者，发展写作技巧以及形成有说服力的论据，安静的影响者将他们天生的写作能力转化为了强大的影响力。

1. 了解并适应读者

练习 WIIFM。当你试图提出一个有说服力的诉求时，记住 WIIFM。WIIFM 代表"它与我有什么关系"（What's in it for me?)，其中的“我”代表你想要影响的人。为什么读者应该关注你所写的东西？他们的自我兴趣是什么？有一个窍门能够帮助你找到这些问题的答案，那就是换位思考。以给你的老板写提议为例。在开始起草提议前，想象你自己是老板。问问你自己，省钱对他有吸引力吗？新的、最前沿的观点是否能打动他？他是否把客户放在最优先的位置？在他的老板面前有出色的表现是不是他关注的重点？在你写提议的时候，心里记着这些内驱力，你获得成功的可能性便会大大提高。

注意风格。遵循演讲家兼作家托尼·阿利桑德拉（Tony Alessandra）博士的“白金法则”：“以别人喜欢的方式对待他们。”根据他人的风格做调整。在电子邮件中提一些个人的细节和问题，比如“周末过得怎么样”，对有些人会有效，但不适合想要直奔主题的人。有些人喜欢看高度概括的要点，有些人则希望看到更多更详细、更具体的解释。注意对方的风格是什么，在回复他们的时候尽力效仿他们的风格。他们不会意识到你在适应他们的风格，但当你用这个窍门进行书面沟通时，对你的反对意见一定会减少。

想一想以下这个例子。詹森是一家软件公司的经理。他希望尽快引起首席财务官的注意，为他所在的部门获得资金支持。有人给他出主意，让他简化备忘录，把重点放在数字上，而不是放在文字上。他听取了这个建议，调整了自己的风格。他成功了！詹森的要求得到了批准。作为一名律师，他习惯的风格是井井有条地解释每一个观点，完全是散文的形式。写作风格与形式的改变对他成功地发挥影响帮助很大。

给他人创造思考空间。在你发起交谈之前，利用书面文件给予他人（尤其是内向者）仔细考虑你的观点的机会。在会议召开之前发送会议资料，在坐下来进行一对一的交谈之前，认真写一份报告并与对方分享这份报告。通过使用“三明治技术”来让电子邮件发挥最大效力，也就是在邮件中提供讨论所需的全部背景资料，然后再进行面谈或通过电话交谈。之后在电子邮件中总结关键点，这样其他人在付诸行动前便可以思考这些关键点。

2. 发展写作技巧

相对于广度，更重视深度 内向者的文字往往反映了经过思考的感受与看法。花时间来构思你的文字，让读者清楚地看到你深层的顾虑与想法。是否留意文字的深度体现了用心的读者与不用心的读者之间的区别。你会发现书写比面对面的交流更容易深入。一位采访过世界最成功的艺术商之一玛丽安·古德曼（Marian Goodman）的《新闻周刊》的记者曾这样评价她内向的交流风格：“在遣词用句上她比普通人更仔细，30 秒钟的停顿对她来说是很正常的。之后她会在电子邮件中扩充她的回答。”古德曼运用的是典型的内向者的方法：说得很少，然后在写的过程中进一步完善自己的想法。

注意细节。注意语法、拼写与标点。如果你想通过书面文字来影响其他人，你就不能忽视语言的这些基本方面。杰西卡·汉德勒解释说："语法和拼写是你展示的一部分，就像你不应该穿着不适合的衣服或者搭配不当的衣服去上班一样。"她建议请其他人来帮你进行检查。你可以让检查者留意以下问题：你是否条理清晰？你是否有重复？你使用的风格是否恰当？杰西卡说："卓越的沟通会让你显得与众不同。"

她接着说，打字错误意味着你会被漠视，你的声音不会被倾听，而会成为背景噪音，你也不可能成为成功的影响者。杰西卡建议密切注意自己所写的文字，哪怕只是电子邮件。写完一封重要的电子邮件后，把它放入"草稿"文件夹，第二天早上再看一遍。编辑兰迪·彼得森将他类似的做法称为"有益的忽视"。他把写好的项目放在一边，24 小时到 48 小时之后再去看它。

法律专员安也建议应该仔细地检查自己写的东西。她会用很多时间写备忘录和纪要。"我会保存很多草稿，30 分钟、一个小时之后，或者第二天再去查看它们，"她解释说。"如果我想让它非常有感染力，我会在第二天早上再读一遍，并想着'我希望它看起来更友善'或者'我希望它看起来不要像法律文件，而应该更商业化。'"安会进行很多编辑和重写，因为她想让客户知道她始终会帮助他们，而不是他们的敌人。通过用客户能够理解的措辞在第一时间与他们进行沟通，安不断激励着客户前进。

运用富有创意的特点。在你所写的文字中增加各种元素，包括反思问题，对段落进行整理。使用项目符号及其他图形元素，增加文字的清晰性和趣味性。为了提升你的文字对更多的读者产生影响力，在文字中结合图片，因为一些读者可能不喜欢看朴实无华的文本。记住，有时一幅图顶得上千言万语。照片、动画和视频也是传情达意的好方法。亮点公司的创始人逊尼·布朗（Sunni Brown）说："视觉语言是你最好的朋友之一，它使想法变成成果。"她的公司将文字与涂鸦结合起来，以刺激各种学习模式。那些吸引人的视频替代了传统的宣传册。

3. 形成有说服力的论据

遵照逻辑顺序。使用一步一步的逻辑来表达你的论据。有效的安静影响者很擅长这种令人信服的写作技巧，因为那体现了缜密的思考。例如，保险销售员阿什利说，她的销售提议通常包括三个关键要素：

1. 对客户运作方式的理解；
2. 她的公司能为客户的生意提供什么帮助；
3. 证明她的公司如何能帮助客户发展业务，降低成本或增加利润的报价。

提供支持。为了说服其他人，你的论据中应该包括数字、相关细节以及数据点。在准备阶段，从你进行的研究中获得信息，然后返回 WIIFM 问题，决定将哪些信息包含进去，采用那些最能吸引你的读者的支持数据。有时仅仅一个数据点便能说服其他人。然而在大多数情况下，尤其是当风险比较大或者你想实现巨大的改变、获得大量投资时，你应该用各种各样的事实来支持你的观点。

简洁。保持文字的简明、有效。通常简洁、切题的文字比冗长的大部头更能对他人发挥影响。销售专业人士兼演讲家里安·詹金斯（Ryan Jenkins）总结说，简明扼要的信息比较容易被00后接受。他解释道，他很了解00后，这一代人是伴随着140字的微博和手机短信长大的。不过对长篇累牍缺乏耐心的不只是年轻人，詹金斯继续说道："如果资料没有切中要点，人们的注意力便会转向别处，你便会失去机会。"你还可以在报告的一开始提供一个简短的执行摘要，这有助于人们将注意力集中在要点上。简洁的导入能够吸引读者继续读下去。

过度地书写将让沟通变得没有效率

如果你觉得自己更喜欢书写，那么你可能会陷入惯例，过度使用这种安静影响力优势，而忽视了其他方法。过度使用书写会导致观点被禁锢，沟通没有效率，面对面的交流过少，达不到期望的结果。

1. 观点被禁锢

当你为了探索自己的想法而写得太多时，你会忘记去影响他人，迷失在自己的文字中。许多博士生会一直停留在写毕业论文的阶段，人们甚至给这种现象起了个名字——“准博士”综合征。他们通常会花若干年的时间写各种研究论文，记笔记，但在写他们教育生涯中最重要的论文时，他们却僵住了。为什么？因为他们所写的东西都是在绕圈子，他们无法缩减自己的观点，使之不断深入，从而实现目标，形成一篇切实有形的论文。由于缺乏焦点和明确的目标，因此他们写得越多就越没用。这些最新验证的理论、科学突破、对历史数据的独特观点以及来自这些学者的无数其他潜在贡献都永远无法被世人所知，这真是很不幸。这些理论、观点或突破思维都被禁锢在他们的头脑、论文或电子文档中，其他人无法触及。

为了使你的观点能够免于这样的命运，你不要写得太多，注意分享你的观点。写得太多会让你变得疲惫、厌倦，甚至被自己的想法所迷惑。当你发现自己在围绕着相同的主题绕圈子时，你就应该做出改变了，不要再与自己沟通，而应该开始与他人进行交流。更好的做法是，休息一会儿。

写作中的人品、理性与情感

当你想说服其他人采取行动或改变他们的想法时，你应该在你的文字中融入三种经过时间检验的、互相补充的要素。

人品：可信度

当你形成了自己的可信度时，人们便会更加相信你的主张。根据亚里士多德的定义，这种技术被称为诉诸人品。如果读者了解你、尊重你，那么你便可以利用你的人品的声誉。如果不是这样，你就应该采用权威的语气，尊重不同的观点，让人们把你的文字看成是值得信赖的资料，从而获得可信度。

理性：逻辑

你应该诉诸逻辑，使你所写的内容清晰明了，消除文本内部的自相矛盾。你还应该避免句法错误、技术细节上的错误，以及与主题有关的事实性错误，因为这些错误会妨碍文章的逻辑性。在文字中，你应该提供有效的支持性证据并强调逻辑推理。

情感：情绪

情感能够引发读者的同情或想象，使他们不仅认同作者，而且与作者产生共情。情感常常是通过能够激发人们想象的故事来传递的。情感将逻辑的抽象性带入此时此地，使作者的价值观和信念被充分呈现出来。通常正是强有力的情感触动读者采取行动或做出决定。

2. 沟通没有效率

有时一个电话或面对面的一次简短讨论比书面文字更能激励他人。电子邮件、备忘录或短信，都是推动人们和项目的绝佳工具，但它们也会造成混乱，导致毫无效率。例如，一家儿童博物馆的董事会成员马塞拉正在筹备一个活动，她打电话给一位表演者，了解她对音响设备的需求。这位表演者的电话录音说，她更喜欢使用电子邮件，因此不会接听任何人的电话。马塞拉遵照了她的要求，但接下来电子邮件的来来往往让马塞拉陷入了困境。她想跟这位表演者聊一聊，如何在不超出博物馆预算的情况下满足她的要求。她觉得如果能透彻地交流一下各种可能性，她们可以很快达成可行的折中方案。表演者则觉得博物馆方面很不近人情，感到很失望，因而渐渐失去了做这份工作的动力。当马塞拉和这位表演者最终通上电话时，她们理清了问题，但之前无效的沟通过程所造成的摩擦在整个活动期间一直持续着。

3. 达不到期望的结果

有时用书面文字来倡导你的立场会带来严重的消极后果。在把你的立场写出来并进行分享之前，一定要检查你的假定，和关键人物聊一聊。拉斯为此栽过大跟头，从而吸取了教训。他是一家营销公司的中层经理，这家公司正在经历一场兼并，他对即将发生的部门变革有很大意见，因此他写了一封比较情绪化的电子邮件，并且抄送给了所有上级主管。不幸的是，在这样做之前，他没有和老板及同事聊一聊。这封邮件在公司里引发了一场大地震，之后拉斯被降了职。在这个案例中，用书写的方式来主张自己的观点使他显得很冲动、很放肆，缺乏判断力，他在这家公司中的职业发展从此一蹶不振。

问题在于把你的想法变成文字虽然使它看起来很“正式”，但其实它并不是集思广益的结果。另外体现你的建议的详细计划并不能解释过程中发生的意外情况，尤其是当你在项目进展中没有进行口头核对与反馈时。像拉斯一样，艾伦也吸取了深刻的教训。艾伦是一位室内设计师，他和客户辛西娅见面，沟通了她的家庭翻修需求。随后艾伦发给辛西娅一份长长的项目涵盖清单，其中包括漂亮的草图和详细的成本预估。在辛西娅认可了这份设计后，艾伦再也没有进一步确认辛西娅是否理解了所有条款。然而后来购买家具的成本发生了变化，费用激增。当辛西娅收到大额发票时，她拒绝付款，而且对艾伦没有解释这些变更感到很气愤。她中途终止了与艾伦的合作，两人发生了一些语言冲突，不欢而散。

4. 面对面的交流过少

如果你把书写作为你唯一的交流手段的话，你便会失去面对面的接触，产生沮丧感。尽管许多人在网络上建立起了牢固的人际关系，但这些虚拟的交往并不能完全替代面对面的交流。面对面的交流能够形成持久的、多维度的关系。

我曾给一家总部在欧洲的全球性团队做过咨询。他们的沟通完全通过大量的电子邮件，这使他们遇到了瓶颈。虽然感觉他们之间的沟通非常多，但团队成员在重大目标上无法达到同步。有人建议他们考虑采用视频会议，让团队成员互相认识，看到对方的面孔，这样便显著提高了彼此的理解，明晰了目标，从而大大降低了对电子邮件的依赖。

|接下来的步骤|

安静的影响者常常擅长写作，并会采用各种书面形式，比如备忘录、报告、出版物、信件、电子邮件等方式来激励他人，推广自己的观点并与读者进行交流。他们满足于独自一人不断地完善这项技能，因此他们的写作能力往往会很出名，并且得到人们的赞赏。如果书写是你发挥影响力的主要方式，那么你可以继续发展你的风格，努力让自己的文字更加鼓舞人心。如果你不经常使用书写这种方式，那么可以尝试一下。就像肌肉，你用得越多，它就会变得越强大。

在开始你的训练之前，先让我们回顾一下本章的 5 个要点。

1. 写作能够挑战你和其他人的思维，因为文字提供了深度与真实性。

2. 用书写的方式呈现你的观点，让你有时间好好思考自己到底想要表达什么，让你的读者有时间细细思考你的观点。

3. 书写能帮助你与他人进行交流，尤其是当你为读者而写时，运用 WIIFM 作为你的引导。

4. 为发挥出最大的影响力，你应该不断精进你的技艺。

不要让读者因为语法、拼写或标点符号等问题而分散注意力，用逻辑和情感来打造你的论据。

5. 平衡说与写。特别注意不要过度使用电子邮件。

接下来花些时间思考以下问题：

1. 找一篇你在上个月读到的文字，它挑战了你的思维或者让你受到了鼓舞。你可以从这篇文字中借鉴什么，以运用到你自己的写作中？

2. 工作或生活中有什么样的机会能够使你改进写作技能？你认识的人中有谁能帮助你改进写作能力？

3. 在第 3 章中你确定了自己所面临的发挥影响的挑战，你可以怎样运用自由写作的方法来弄清楚自己对这个挑战的看法或感受。

几千年来，写作都是一种能够发挥影响的工具，它具有永恒的力量。如今，安静的影响者可以通过审慎地使用社交媒体来与全世界分享他们了不起的想法。在第 9 章里，我们将探讨另一个安静影响力优势，即审慎地使用社交媒体。

09

安静影响者面向未来最完美的工具：社交媒体

在社交媒体中，重要的是……真正的人际关系。真实的人际交往始终都很重要；虚假的人际交往只是毫无益处的干扰。

赛斯·高汀（Seth Godin），作家兼企业家

西拉·艾布拉姆斯是一家顶尖的全球性媒体公司里的工程师，他30多岁，为人低调。西拉曾参与过公司几个最成功的社交网络的运作。另外，他还推动创造了为年轻员工设立的内部业务资源团队。

另一件令西拉感到很骄傲的事情是，他成功地发起了新领导人委员会的亚特兰大分会。新领导人委员会的作用是培

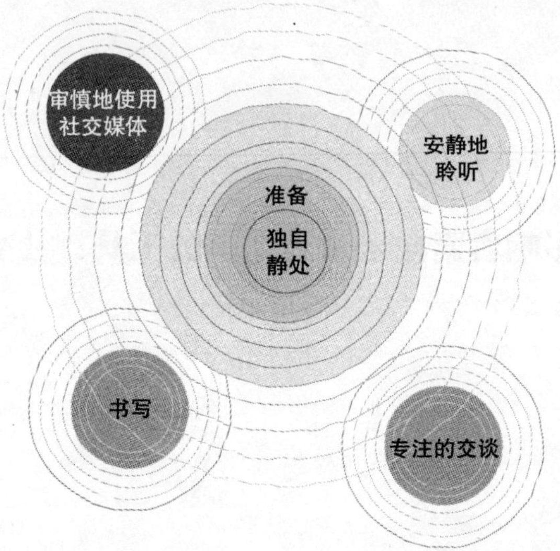

训并支持进步的政治企业家，比如创造潮流者、当选的官员以及将会影响未来的企业领导、行业领袖。

他的参与最早可以追溯到 2009 年，当时他从一位同事那里了解到新领导人委员会。他对此非常感兴趣，于是查看了有关这个组织的资料，发现它当时正在举行一次盛大的会议，西拉刚好能赶上会议的尾巴。组织领导者们所传递出来的真诚、高效、对使命的专注和友好的氛围深深地打动了他。西拉回忆道："从那时开始，我认为在亚特兰大建立分会是想都不用想的事情。在亚特兰大，我看到了培训年轻的民间领袖与政治领袖的迫切需求，无论他们存在什么样的问题。"他的努力以及其他人的贡献取得了成果。已经有四个班的民间领袖从亚特兰大分会毕业，在 2011 年，分会被授予社交媒体的“网络行家奖”。

西拉相信，分会对社交媒体的有效利用促成了它的成功。“当我们最初开始接触人们，以评估他们对新组织的兴趣时，我们一无所获，”西拉说。“通过宣讲会、见面会以及在 Facebook、YouTube、Twitter 和 LinkedIn 上的推广，我们能够很快发现社群中最活跃、最有影响力的年轻领袖，并与他们建立起联系。”他的团队还开始联系其他组织，与他们非常想合作的“影响者”见面。那些社群领导者也发掘了他们的社交网络，于是分会迅速成长，在全国都享有盛誉。一位校友斯泰西·查维斯（Stacey Chavis）称赞分会“提供了独特的培训，使我能够将自己的才能提升到更高的水平”。斯泰西不仅成为了亚特兰大少年联盟政治与公共事务委员会的主席，而且还运营着她自己的培训政治领导的公司。通过领导分会的社交媒体工作，西拉切实地改变了斯泰西的生活，并间接地影响了斯泰西所接触的人们的生活。

通过确定目标人群并选择正确的工具去实现目标，西拉以自己深思熟虑的沉静方式，成为了卓越的创新者与变革推动者。作为整个成长战略的一部分，社交媒体给予了新领导人委员会亚特兰大分会一个平台，由此他们能够触及最广泛的人群。通过这个平台，西拉对许多人产生了深远而持久的影响。

我所说的社交媒体指的是什么？它指的是以网络为基

础、以移动为基础的技术，我们可以运用它们将沟通转变为组织间、社区间以及个人间的互动式对话。社交媒体为当今的安静影响者提供了一种特别有效的选择。随着电子工具的广泛使用和不断改进，这些技术必然会成为越来越强大的力量。它们使得像西拉这样的内向者能够按照自己的速度来组织想法、自主选择在哪里、在什么时候呈现这些想法。它们还为那些对公开演讲感到踌躇的人提供了机会，使他们可以与全世界成百上千的人进行交流与合作。因此，社交媒体现在是、将来也会是安静影响者最完美的工具。

你是否曾想过如何利用社交媒体来传播你的想法，如何利用它来影响其他人？当你花时间通过社交媒体进行有目的的探讨时，你便大大扩展了你的交往面，激发了新的思考方式，并且对现状提出了挑战。你很擅长审慎地使用社交媒体，因为你设法获得静处的时间，进行必要的准备，并且利用你的写作优势。一旦开始运用社交媒体，你便可以把它作为一种网上“聆听”以及进行虚拟的专注交谈的方法。从很多方面看，审慎地使用社交媒体是一种面向未来的安静影响力优势。它将新的形式赋予了传统优势，即聆听、专注的交谈和书写。

你是否对投身于虚拟世界充满了兴趣，但也多少有点担心？或者你是否在思考如何将你现有的社交媒体活动转化为影响力优势？接着读下去。本章会告诉你一些运用社交媒体来扩展你的影响范围的小窍门。

将社交媒体活动转化为影响力优势

审慎地使用社交媒体会从 4 个方面提高你的安静影响力系数。你可以用它来推动人们采取行动，扩展人际关系，获得知晓度，还可以利用它来教授知识并开展学习。

1. 推动人们采取行动

如今社会运动依靠社交媒体的力量来组织和推动人们参与运动。有时这能够带来历史性的改变。谷歌公司一个名叫韦尔·戈尼姆（Wael Ghonim）的内向的电脑工程师被人们认为是“阿拉伯之春”运动推动者。他就是一位安静的影响者。《时代》杂志把他评为 2011 年最有影响力的 100 人之一。

内向的丽萨·罗斯巴赫（Lisa Rossbacher）博士是另一项事业的领导者，虽然这项事业不是那么著名。丽萨是一名地质学家，也是佐治亚州玛丽埃塔市南方州立理工大学（Southern Polytechnic State University）的校长。她对鼓励女性进入科学、技术、工程和数学领域充满了热情，她从事这项事业的方法之一便是在校园网的主页上开博客。通过这种工具，丽萨倡导着她的主张。在一篇博文中，她探讨了公众对女性从事科学和技术的刻板印象，探讨了女性对自己的刻板印象，以及每个人对技术领域的工作性质的刻板印象。丽萨把博客作为一种工具，影响着那些原本不可能听到她的见解的广泛人群。这个工具具有指数级的潜力，能够触及无数女孩、女性、校友、员工和其他人。

2. 扩展人际关系

改变世界要从建立人际关系开始。审慎地使用社交媒体，以此作为你扩展人际交往的一部分，它能够大大提高你的影响力。社交媒体专业的副教授克里斯蒂·安·巴拉卡特（Christie Ann Barakat）说，“社交媒体能够补充并丰富现实生活中的人际关系，它可以使人们保持联络、制订计划、分享信息……我们建立联系的基础是共同的兴趣，而非离得比较近。”有效的安静影响者常常将社交媒体与面对面的人际交往结合起来使用。他们利用社交媒体为线下的会面或电话交流搭设舞台。萌芽社会公司（Sprout Social，Inc.）CEO贾斯汀·霍华德（Justyn Howard）评论道：“社交媒体促成了我和一些新同事、新朋友、新的商业伙伴的面对面交往，如果没有社交媒体，我可能不会建立起这些联系。”

然而发挥影响不仅仅与人际关系的数量有关。内向者，包括安静的影响者，喜欢与少数人建立深层的关系，而不喜欢与很多人建立泛泛之交。他们对社交媒体的使用也反映了这种比较专注的方式。例如，他们似乎不太在意社交网络上的好友数量。正如本章开篇所引用的赛斯·高汀的名言，重要的是人际关系的质量。它们是礼尚往来、互相包容的友谊，还是虚假的友谊？

安静的影响者运用社交媒体以正确的方式建立适当的人际关系。根据销售及社交媒体专家兼《新的握手》（*The*

New Handshake）一书的作者芭芭拉·贾曼科（Barbara Giamanco）的说法，网上的交往产生了改变。最了不起的影响者是社交媒体上的“给予者”而不是“索取者”。她解释说，“给予者会想着他们可以给人们提供什么，而不期望有所回报。他们分享商业参考，向同事推广，介绍资源与观点。”而索取者把社交媒体看成是发送垃圾销售信息的扩音器。这不是有效的影响，人们很快会看穿这种做法，对这些“索取者”的信息会失去兴趣。由于安静的影响者常常也会通过其他优势来“给予”（尤其是通过聆听、专注的交谈和书写），因此在社交媒体上取得成功的方法与他们建立人际关系时通常采取的方法是一致的。

在给予与索取的平衡上存在一个小窍门。《分享：如果通过社交网络来改变世界》（*Share This*）的作者狄安娜·赞特（Deanna Zandt）写道：“为了显得真实，为了建立起紧密的人际关系，你需要分享有关你自己的一些情况。”分享你是谁的关键在于，不要试图达到真人秀那样的曝光程度。在与你生活相关的重要谈话中，你可以做出令自己感到舒服的适度分享。”销售专业人士兼演讲家里安·詹金斯建议，与过去传统的环境相比，经理们应该在社交媒体上更多地展示自己。里安解释，在如今这个年代，无论是内向者还是外向者的隐私界限都比以前各代人的界限有所放宽。他相信如果领导者在 Facebook、Twitter 等网站上分享一点自己的生活，人们的投入程度会更高。

3. 获得知晓度

对于内向者来说，在网上展现自我往往是一种让他们感到比较舒服自在的方式。其他人能够通过网络了解他们独特的观点，对他们的性格有一些认识。这种自我控制的适度“曝光”会形成一种强有力的、独特的存在感，使他们成为更可信的影响者。这提升了他们的形象，为其他人提供了与他们交往、支持他们观点的途径。这样，这些安静的影响者便能够激发新的思考方式，鼓励他人向前发展。

有时幽默也是一种提升个人或组织知晓度的好方法。德里克是一家出版公司的资深编辑，他会在网上贴出诙谐有趣的妙语和不同寻常的视频，这展示了他沉默寡言的天性的另一面。他还负责写公司的电子简报，低调地宣传作者，这份简报因幽默而闻名。读者们表示他们很期待收到他每个月写的电子简报，因为他们喜欢得到惊喜，并且知道他们一定会收到很酷的点子和窍门。

社交媒体还能增加你作为思想领袖的曝光度。据战略咨询师多里·克拉克（Dorie Clark）说，思想领袖就是被誉为非凡专家的人，他们不只是参与交谈，而且驱动交谈。她说这一切都关系到“影响力”。“无论你多聪明，多有才华，除非有广泛的公众认可你，否则你在组织中不会得到充分的赏识，客户也不会充分地重视你。”换句话说就是，有了不起的想法并不能使你具有影响力。只有当你让别人看到、认识到这些想法时，你才会变得有影响力。这便在于分享。社交媒体使得分享变得更有效、更具有交互性，由此思想领袖便成为了在大范围内推动变革的影响者。

4. 教授与学习

在诸如 YouTube 这样的社交媒体上自由分享信息也是影响他人的一种有力方法。无论是讲解如何在电脑上安装内存，还是在 iTunes 上教授一门语言，在普通课堂上授课会感到害羞的内向者现在有了一种分享技能的自在方式。这些基于网络的出口为安静影响者提供了影响他人生活的无限可能性。萨尔曼・可汗（Salman Khan）就是一位这样的安静影响者，他充分利用了网络视频的教学力量。2008 年，他成立了网上的可汗学院（见专栏）。他的网站非常成功，得到了比尔・盖茨的资助，网站上包括 3100 个教育视频。可汗说："我们的目的不是盈利，而是为世界各地的人们提供免费教育课程，从而改善教育。"

当然，作为网络教师的另一个益处是你自己会不断学习。除了制作出最初的内容以外，安静的影响者，包括那些思想领袖，还需要不断在网站上发帖子、写文章并进行研究讨论，从而保持领先的地位。他们对问题发表评论，关注令他们感兴趣的人，并在网络社区中传播相关内容。这种坚实而不断增长的知识基础给予了他们更牢固的平台，使他们能够激励他人，激发新的思维方式。通过社交媒体不断进行学习的安静影响者会成为"达人"，因为他们深入掌握了最新的知识与思想潮流。

你的可汗学院

萨尔曼·汗的教育网站起源于他录制视频教小外甥女学代数。他开玩笑说，“她更喜欢 YouTube 上的我。”这次经历促使他开发了更多的教育视频。2008 年，他创建了可汗学院，目的是为人们提供免费的、世界级的教育。从那时起，教育视频被下载的次数超过了 1.58 亿次，网站的访问者超过了 450 万人。可汗正走在改善教育、最终改善世界的道路上。

可汗学院的资料和资源包括从幼儿园到 12 年级的数学、科学以及一些人文课程。每个人都可以免费获得，包括老师和学生。这个网站结合了社交媒体中的游戏机制，这使得学习更加有趣。学生通过学习能够获得奖章和点数。

一位想进入护士学校的单亲妈妈便是这个网站的用户。她在 Twitter 中说，可汗学院改变了她的生活：“我有很多年没有学生物、化学或数学了，以前学过的知识也几乎都忘了。谢谢你的视频，让我在各门科学课程中都取得了 A 的成绩。你拯救了我的化学，谢谢你！我知道，如果没有你杰出的组织，我不可能做到这些。我在抚养我的孩子们，我知道在他们受教育的道路上，你也会给予他们帮助。”

如何运用社交媒体让自己成为思想领袖

能够有效运用社交媒体的内向影响者承认，他们不需要对每天都在发布或改变的网站与运用了如指掌。为了避免干扰，他们运用三种关键方法将社交媒体整合到他们发挥影响的方式中。这三种方法是思考、参与和专注于内容。

1. 思考

了解你的目标。从定义你的目标开始。就像古老的谚语所说，如果你不知道要到哪里去，走走你就知道了。社交媒体专家芭芭拉·贾曼科说，“在你投身于社交媒体的世界之前，要知道你的目标是什么。技术就像给汽车加油，它有助于驱动战略，但它本身不是战略。”

问一问自己，通过社交媒体活动，你想要实现什么目标。你是否像萨尔曼·可汗一样，想要一点点改变世界？你是否想发起对话，了解人们对你的观点的反馈？你是否想把你的信息传播给更多的人？你是否想吸引客户、销售产品或给自己找份新工作？你还要想一想谁是你的目标读者，是少数几个相关者，还是一般大众？一旦你回答出这些问题，你便能更好地知道该如何引导你在网络上的付出。以社交媒体新手苏姗为例。苏姗是一名销售顾问，她想吸引更多的小业主成为她的客户。与此同时，她加入了当地的商会群体，在网上与企业家们进行交往。她还创立了一个博客，发布她的重要信息，并在另一个博客地址上贴出客户的反馈。通过精心设计的社交媒体计划与出色地执行，苏姗成为了知名的专家，建立起一些重要的联系，为她的公司带来了许多客户。

决定从哪里开始。不要试图一下子完成所有的事情，这会把你压垮。你应该每次采取一个步骤。选择两到三个有助于你实现目标的社交媒体出口，然后在这些网站上把事情做到位。限制社交媒体的数量能够使你的投入更加易于管理。

你需要在网络上闲逛，以确定哪些网站适合你。每个网站都有优势和不足。社交媒体专家吉娜·卡尔（Gina Carr）把 Twitter 描述为鸡尾酒派对，那里有一些短小而深入的聊天，除了倾听之外，你还可以认识很多人。而 Facebook 像后院的烧烤派对，是更正式、更有用的交往方式。

注意，在 Facebook 上内向者发帖不像外向者那么多，那么频繁。他们觉得外向者的做法太具有干扰性，使他们不能进行足够深入的交流。一个内向者说："Facebook 不适合像我这样内向的人。我只和很少的人保持着稳固的联系。我不喜欢参与一些肤浅的交谈，比如谈论某个非常时尚的新餐馆，或者谈论某个名流的失态。"

LinkedIn 是最有用的严肃商业工具，可以用于销售、找工作以及进行前端研究。西拉·艾布拉姆斯写道："我非常喜欢 LinkedIn！它是垃圾信息最少的社交媒体平台，它最聚焦，具有令人敬畏的研究能力。在人际网络方面，没有任何社交媒体能出其右。"

留意正在出现的趋势。在社交媒体迅速变迁的世界中，你发的帖子应该经常变化。新出现的什么平台及应用有助于你与他人进行交往，并传播你的信息？视频现在还很流行吗？移动应用出现了什么发展？在谷歌上搜索一下本章提到的专家们，你会找到有关社交媒体的最新指导。

2. 参与

每天投入 10 分钟。在限制所使用的社交媒体的数量后，即使你每天只在上面投入 10 分钟，你的收获也会非常大。重要的是经常性地做一点正确的事情。

最有时间效率、最有影响力的社交媒体策略是在博客和网站上分享文章、链接和有见地的评论。通过参与吸引人的对话，在来来回回的交流中，你会成为前文提到的“给予者”，而非“索取者”。这种线上互动通常针对的是具有争议性的主题，你的参与可能会显著改变有关这个主题的交流。关注博客还能使你与时俱进，了解行业变化趋势，这样你便可以成为消息灵通的影响者。

为深入的关系搭设舞台。运用社交媒体为线下的交流搭设舞台，然后重复利用你所创造的一对一的交流机会。西拉·艾布拉姆斯解释道：“在 LinkedIn 上，人们不介意接到来自世界各地的‘冷不防的电话’。他们甚至会提供他们的联系电话，这样我们便能进行老派的电话交流并互相认识了。”

你还有可能通过与工作无关的社交媒体活动建立起有利于你在职场中发挥影响的人际关系。例如音乐分享网站可以使你通过分享乐曲和乐队来结识喜欢相同音乐风格的人。有些人在其他环境中你是不会与他们交往的，但虚拟游戏帮助你和他们相识并成为熟人。

找到社交媒体导师。对在社交媒体上发言感到不适应的安静影响者，常常会与见识广博的朋友、同事、甚至青少年交往，他们会引导安静的影响者了解社交媒体的来龙去脉并鼓励他们继续使用。职业教练维姬·奥斯汀（Vicki Austin）说："我有你所说的社交媒体导师，她就是我的朋友乔伊。她比我年轻 10 岁，是铁杆果粉，在社交媒体上很活跃。乔伊使我了解到社交媒体能够带来的快乐，而且耐心地引导我将社交媒体应用到商业与生活中。有些人需要一些帮扶以克服他们对不了解的事物的恐惧与抗拒。"

3. 专注于内容

写。把你的想法放到显示屏上。对于更偏爱书写的内向者来说，把自己的短文贴在社交媒体网站上或者开始写博客，确实是一种有利因素。在与更多人分享你的想法之前，你可以通过书写来充实自己的想法。内向的客户体验咨询师麦克·维腾斯坦（Mike Wittenstein）说："适时地创作一些有用的内容，邀请其他人来分享。"他投入时间和精力来学习社交媒体，充分利用社交媒体来发展自己的业务。麦克的付出获得了回报，他与网上发现的一些重要客户签署了合同。他说，对他而言，书写是参与社交媒体的本质。"不惜一切代价将想法写出来，因为任何借口都只是借口。"

倾听与学习。不仅关注你自己写的内容，也关注其他人写的内容。参与讨论，访问与你的兴趣领域相关的群组。将社交媒体作为一种实施调查研究的方法，这种研究对你的影响力策略会有所帮助。例如越来越多的内向者把 Twitter 作为了一种学习工具，他们在虚拟环境中观察人。他们发的帖子没有他们看的帖子多，他们从中获取有关趋势和行业主要参与者的信息。在制定他们的影响力策略过程中，这些信息被证明具有非凡的价值。丹·鲍尔茨（Dan Balz）是《华盛顿邮报》的首席记者，主要进行政治方面的报道。他写道，四年前他还没有开始使用社交媒体，但现在已经非常依赖它了。

泽夫是一家非营利性机构的领导，比较内向。为了对重要的谈话和富有挑战性的任务做准备，他会在网上搜索相关主题。在领导他的维修保养人员组装一套自动车库设备之前，他在 YouTube 上看了几段视频，以找到最有效的方法。

如果你经常使用那些在社交媒体上找到的内容，那么你会越发意识到什么是有效的，什么是无效的。这种认识有助于改进你贴到网上的内容。你的帖子的长度、风格、节奏和形式会越来越恰当，你会越来越擅长编辑自己所写的内容。

管理你在网络上的声誉。主动更新你的信息，并且保持信息的相关性。在第一次会面之前或给你打电话之前，人们通常会在网上先搜索你。也许你不想让他们看到 10 年前你读高中时的田径运动会成绩，那么把你的名字输入搜索工具，你会看到目前网上显示了哪些有关你的信息。正如之前提到的，在其他社交媒体网站上发表评论能够将你的观点与其他思想领袖的观点联系起来。它还使你能够更好地控制你的知晓度和存在感，使你能够参与更广泛的交流与互动。

社交媒体使你成为思想领袖

安静影响者兼咨询师麦克·维腾斯坦常常指导其他咨询师如何通过社交媒体发展业务。他推荐的策略的核心是：把你放在思想领袖的位置上。麦克提出了发帖的 4 条技巧，它们能使你在相关主题的交谈中占领主动地位。

1. 提出类似“你是否问过怎样能成为了不起的咨询师”这样的问题。然后接下去写，“我有一些自己的想法”。牢牢记住你认为你的客户可能会问的问题。这样你的帖子便会被搜索出来，其中包括那个非常相关的问题。

2. 经常写一写你了解的事情。要真诚而有权威性。努力写出 100 篇包含高品质内容的短文（250～500 字通常足以阐明一个观点并引起别人的兴趣）。在电脑上建立一个文件名为“博客”的文件夹，把你的想法存放在那里。当你需要写博文时，可以去那里找素材。

3. 你写的内容要与世界上正在发生的事情有关联，写一篇新闻稿并把它发出去。无论你的新闻稿是否会被刊印，你发的文章或博文都会存在于很多地方。这有助于让你的文字在搜索结果中排在前面。这样一些不认识你的人便会搜索到你的文章或博文。

4. 发展一些 Twitter 好友，请他们帮你推送你的微博。帮助你传播你的信息对他们来说很容易，你也不要忘记帮他们推送他们的微博。

过度沉浸在社交媒体里只能让你的影响力受限

使用社交媒体的安静影响者往往还会结合使用其他影响力优势。内向者比较容易沉溺在社交媒体中，忽视了其他方法。成功的社交媒体战略的秘密在于适度。如果你过度使用社交媒体，而忽视了其他优势，那么你影响他人的机会会受到局限。具体来说就是，过度使用社交媒体会表现为信息过载，忽视某些受众，电子设备成瘾以及自说自话。

1. 信息过载

按照安德鲁·威尔（Andrew Weil）博士的观点，信息过载会妨碍注意力集中。社交媒体就像一条永不停歇的信息河流。由于看不到头，因此你很难控制自己的时间并制定出可行的时间表。如果不这样做，在找到你所需要的有益信息之前，你便已经累坏了。

你还可能使别人信息过载。一旦熟悉了社交媒体，你很可能会贴出太多的观点或建议。这片信息的海洋会让你的追随者们感到困惑。你的读者会什么也不做，而不是采取一系列行动。你便失去了发挥影响的机会。

当你的帖子特别短、特别扼要，又没有什么解释时，人们尤其不可能采取行动。当你发的帖子特别多时，人们便不会进行深入的探究。你要记住，过度地分享，特别是分享太多不重要的个人信息，会对你的声誉造成消极的影响。人们要么不理会你写的所有东西，要么断绝这种网络关系。

2. 忽视了某些受众

这个世界上有很大比例的人极少使用社交媒体或者根本不用。有些人其实以不随大流、从来不参与社交媒体为傲。他们依然使用老派的电话交流，当在网络上搜索他们的名字时，你会发现他们只是注册过，从来没有在虚拟世界中留下一点儿足迹。如果你把社交媒体作为你进行交往的唯一或主要媒介，那么你将失去了解这些人的机会，甚至更糟糕，你会失去接触到这些人的机会。他们不使用社交媒体，由此你便无法获知他们的担忧、需要和人际关系网。

3. 电子设备成瘾

社交媒体使你能够与一些通过其他方式联系不上的人建立起关系。然而对社交媒体的“上瘾”会妨碍你与身边人的交往。如果别人跟你说话的时候，你还在更新你的微博，你便没有在真正地倾听，对方会觉得你心不在焉，甚至觉得你很粗鲁无礼。另外，在使用电脑或智能手机时，你通常会注意不到对方声音或身体语言中的细微差别。当你在努力建立网上关系时，你现实中的人际关系可能会受到损害。

作家兼写作指导者杰西卡·汉德勒发现，和学生手中各种各样的电子设备争夺他们的注意力是很恼人的事情。那些对她产生积极影响并获得好成绩的学生是在课堂上能暂时放下电子设备的学生。杰西卡说："他们真正在上课，面对面的交流依然会使你脱颖而出。"

4. 自说自话

单向的传授已成为明日黄花。线上的交流也应该足够活跃，以激发其他人采取行动。人们希望通过评论、提问和批评来发表自己的意见。如果你在社交媒体上自大地夸夸其谈，不给读者提问、寻求解释、甚至强烈反对你的机会，那么他们很可能会不再听你说了。史蒂夫·斯潘格勒（Steve Spangler）是 YouTube 上著名的科学达人，他很欢迎评论。对不同意见和批评的开放态度使他了解到人们对什么科学主题感兴趣。记住社交媒体的游戏规则是参与和互动。在社交媒体上进行单方向的交流是行不通的。

|接下来的步骤|

社交媒体特别适合安静的影响者。与互联网被采用之前相比，社交媒体使人们可以对前所未有的广泛人群发挥影响。你应学会如何有效、适度地使用社交媒体。如果你这样做，它会成为你发挥最大影响力的优势。

为了提高使用社交媒体来发挥影响的能力，你应该先回顾一下本章的要点。

1. 最杰出的社交媒体影响者是“给予者”，而非“索取者”。

2. 利用社交媒体使人们了解你的目标或观念。

3. 记住，内容为王。致力于发布高质量、引发思考的内容。

4. 专注于少数几个能与你产生共鸣的网站，不要把精力分散到太多网站上。

5. 在社交媒体上分享观点时，应该鼓励并征求相反的意见。

掌握了这些基本原则后，你便可以通过以下问题将它们运用到你自己的实际情况中。

1. 从社交媒体网站上你获得了哪些新知识，或者建立起了什么新联系？这些知识是如何被呈现出来的，你可以从中学到什么？

2. 如何安排你用在社交媒体上的时间？为了发帖子，你会参考哪些资源？

3. 如何将社交媒体作为调查研究的工具，为你当前所面临的影响力挑战做研究？如何利用这种技术来传播你的观点？

恭喜你！对审慎地使用社交媒体有所了解后，你现在已经探究了所有的安静影响力优势。在下一章中，你将了解为了发挥影响力，接下来应该做什么。

10

用内向者思维去影响世界吧

不要低估安静的人的决心。

伊恩·邓肯·史密斯（Iain Duncan Smith），英国政治家

在写最后的结论时，我想到了今天我和一家信息技术公司中的安静影响者之间进行的一系列团队辅导电话。在我们探讨他们所遭遇的领导力障碍时，我发现他们显然都为这次电话辅导做了准备。当他们仔细思考自己的措辞时，电话中时不时会出现一阵沉默。他们分享自己的洞见与经验，帮助电话中的其他人获得发展。对我来说，这些富有成效的电话会议是安静影响力的最佳缩影。

像那些渴望有所作为的专业人士一样，你在本书中认识的这些人以及他们分享的经验透露了一个重要信息：当内向者充分发挥他们的天然优势、而不是试图模仿外向者时，他们能成为高效的影响者。

我相信他们的故事具有持久的力量。我希望你记住朱莉以及独自静处的时间如何帮助她孕育出拯救生命的倡议。我相信杰克的持之以恒以及他为艰难的教师培训项目所做的深入细致的准备一定会激励你。当你需要换位思考时，或许会想起伊莉莎如何利用聆听建立起了信任。在你为新行动制订计划时，你可能会想起哈利·基尔帕特里克如何利用专注的交谈发起了姐妹悄悄话项目，帮助许多年轻女孩建立了自信。当你需要通过书写来说服他人时，你会想到海伦·索普以及她充满同情的写作如何帮助读者了解到移民的背景故事。当你想利用社交媒体的力量来撼动世界时，谦逊的西拉·艾布拉姆斯也许会进入你的脑海。

对于每一位安静的影响者以及本书概括介绍的其他人来说，谈论他们自己以及他们的优势是超越他们舒适区的事情。我最大的希望是他们的故事能够激励你发掘出你自己丰富的优势储备，达到新的影响力水平。

从鼓舞到行动

落实你的影响力计划，从受到鼓舞转向采取行动。思考以下问题并记录你的答案，准备采取下一个步骤。

1. 书中的哪些故事对你特别有启发？它们让你获得了什么感悟？

2. 读完这本书后，回顾一下第 3 章中你的安静影响力系数评估结果。现在你最优先要发展的优势是什么？

3. 看一看第 4 章到第 9 章结尾中总结的 5 个要点。每一章中哪两种或哪三种工具或窍门最能引起你的共鸣？

4. 看一看第 4 章到第 9 章结尾中你对问题的回答。你能够怎样利用新获得的洞见来应对你在第 3 章结尾所找出的影响力挑战？

现在是时候超越思考，开始对那些影响力挑战做些什么了。思考以下步骤：

1. 草拟一个简要的发挥影响的计划，或者制订一个更精细的计划，以应对你的影响力挑战；

2. 花几天时间思考你的计划；

3. 让你信任的人执行该计划，然后对它进行调整，直到你认为适合为止；

4. 采取行动，奖励自己在安静影响力之旅中取得的进步。

循序渐进

无论你从哪里开始，始终要记得承认你在尝试新的影响行为上做出的努力。尽情享受每一个成功时刻，从不能按计划发展的事情中吸取教训。你应该循序渐进，不要觉得你应该一下子把书中提到的所有新理念都尝试了，这会让你感到太大压力。不要试图立即做出全面的改变，一次采取一个步骤，坚持不懈地进行下去。记住，发挥影响是一个过程，而不是一次事件。你会经历成功，也会经历失败。这些经历都将推动你前进，提高你的安静影响力系数。进步来自愿意尝试，愿意不断学习。

那么你的回报是什么？你会看到自己成功地挑战了根深蒂固的思维方式，新观念被确立了起来，你设想的改变正在实现，在你的鼓舞下，其他人也在向前发展。你通过自己独特而安静的方式，自然而然地发挥着天生的影响力。

QUIET INFLUENCE 译者后记

刚看到这本书的书名时，我就想，这本书太适合我了，我要翻译这本书。终于有人为内向的人撑腰了。无论是在职场，还是在生活中，这个世界俨然是外向者的天下。无论在朋友聚会还是在公司会议中，内向的人最容易被忽视，完全没有存在感。外向者的头脑长在嘴上，他们想到什么就说什么，话多，声音响，所以很容易吸引别人的注意力。内向者的嘴长在头脑上，他们在心里默默地想，深思熟虑后才会开口，显得反应慢，没有先声夺人的气势。可以说，内向者好像输在了起跑线上。

本书提到的另一位拥护内向者的作家苏珊·凯恩曾写过一本影响力广泛的书《安静：内向性格的竞争力》（*Quiet: The Power of Introverts in a World That Can't Stop Talking*）。在凯恩的定义中，内向者更喜欢刺激较少的环境，并倾向于安静专注，听得多说得少。相反，外向者在社交场合中非常有活力，通常坚定自信，能够同时处理多个任务，表达自己的想法，反应迅速。在凯恩看来，内向者回避社交并不是出于害羞或恐惧，他们只是不喜欢而已。

因此从表面上看，外向者掌控着这个世界，拥有绝对的主导地位。我们的文化也更加推崇性格外向的人，特别是职场中，“性格外向”“开朗乐观”“擅长沟通”已经是对于每一个应聘者的基本要求了。迫于这样的压力，很多内向者把自己伪装成外向者。本书的作者珍妮弗·康维勒博士认为，内向者的一些关键特性，比如注重深度、清晰准确的表达、习惯孤独等，使他们更易成为卓越的领导者。

通过这本书，读者可以了解到内向者具有什么优势，如何能更好地发挥这些优势，从而影响他人，改变世界。书中既有令人鼓舞的生动故事，也有非常实用的窍门和方法。内向的人不要再与自己的天性作对了，跟随珍妮弗的指引，发掘出自己潜在的巨大影响力。最后，感谢崔楠、范彬彬、郭晓岩、何彦科、曹健涛、徐雨辰、赵丹、焦莹在我翻译这本书的过程中，给予我的支持与帮助。

林秀兰

北京阅想时代文化发展有限责任公司为中国人民大学出版社有限公司下属的商业新知事业部，致力于经管类优秀出版物（外版书为主）的策划及出版，主要涉及经济管理、金融、投资理财、心理学、成功励志、生活等出版领域，下设“阅想·商业”、“阅想 ·财富”、“阅想·新知”、“阅想·心理”以及“阅想·生活”等多条产品线。致力于为国内商业人士提供涵盖最先进、最前沿的管理理念和思想的专业类图书和趋势类图书，同时也为满足商业人士的内心诉求，打造一系列提倡心理和生活健康的心理学图书和生活管理类图书。

阅想·心理

《幸福就在转念间：CBT 情绪控制术（图解版）》

- 美国《健康》杂志权威推荐，心理治疗师们都在用的、唯一一本 CBT 情绪治愈系图解书。
- 用视觉化的呈现方式，幽默解读情绪的众生相，有效帮助读者转变思维模式，控制情绪。
- 两名作者共同创办了认知行为治疗学院和 City Minds，拥有丰富的经验，并运用认知行为治疗和焦点解决短期治疗法，开创了综合治疗法。

阅想·生活

《谈钱不伤感情：影响夫妻关系的5种金钱人格》

- 世界上没有不合适的金钱人格，只有不会相处的夫妻。
- 生活中一切看起来让人抓狂的金钱决定皆因彼此不同的金钱人格。你的金钱人格塑造了你对金钱、对生活的看法。只有看清自己和对方的金钱人格，了解各自思考和处理金钱关系的方式，才能找到让夫妻关系日久弥新的好方法！
- 要记住为婚姻保驾护航，不仅需要呵护好爱情，更要维系好夫妻之间的金钱关系。

《让梦想照进现实：最受欢迎的24堂梦想训练课》

- 英国最受欢迎的梦想训练课，曾指导许多人达成了自己的梦想和愿望。
- 循序渐进的24堂梦想训练课，可用于自我管理、计划规划与执行等方面的培训。
- 随书附有梦想训练导图。

《幸福资本论：为什么梵高受穷，毕加索却很富有》

- 幸福资本＝正确的金钱观＋个人信用的货币化。
- 这不是一本指导你如何成为有钱人的书，却能帮你揭穿金钱的真相。
- 学会创造价值换取财富，提升幸福指数。

《蓄势待发：股票交易实战录》

- 华尔街最顶级的交易训练营教练扛鼎之作。
- 著名股票博客博主徐小明和“百年一人”撰文倾情推荐。
- 真实再现华尔街最牛操盘手的交易场景，帮你理解交易真谛，让你在大牛市来临前做好准备。

阅想官方微博：阅想时代

阅想微信公众号：阅想时代

（微信号：mindtimespress）

阅想时代 Mind Times Press 策划

Quiet Influence: The Introvert's Guide to Making a Difference

ISBN: 978-1-60994-562-6

图书在版编目（CIP）数据

安静的艺术：用内向者思维去影响世界/（美）康维勒（Kahnweiler，J. B.）著；林秀兰译．—北京：中国人民大学出版社，2015.6
ISBN 978-7-300-21449-8

Ⅰ．①安… Ⅱ．①康… ②林… Ⅲ．①心理学 Ⅳ．①B84

中国版本图书馆 CIP 数据核字（2015）第 125160 号

安静的艺术：用内向者思维去影响世界
珍妮弗·康维勒（Jennifer B. Kahnweiler）著
Anjing De Yishu：Yong Neixiangzhe Siwei qu Yingxiang Shijie

出版发行	中国人民大学出版社		
社　　址	北京中关村大街 31 号	**邮政编码**	100080
电　　话	010－62511242（总编室）		010－62511770（质管部）
	010－82501766（邮购部）		010－62514148（门市部）
	010－62515195（发行公司）		010－62515275（盗版举报）
网　　址	http：//www. crup. com. cn		
	http：//www. ttrnet. com（人大教研网）		
经　　销	新华书店		
印　　刷	北京中印联印务有限公司		
规　　格	145 mm×210 mm　32 开本	**版　　次**	2015 年 7 月第 1 版
印　　张	5. 625　插页 1	**印　　次**	2015 年 11 月第 2 次印刷
字　　数	105 000	**定　　价**	35. 00 元